图 解 视 频 版

# 开关电源

# 维修实践技能

# 全图解

张 军◎编著

中国铁道出版社有限公司
CHINA RAILWAY PUBLISHING HOUSE CO., LTD.

# 内 容 简 介

开关电源电路是很多电气设备必备的供电电路，由于其工作在高电压和大电流的环境中，故障率较高，因此很多电气设备电源故障其实就是开关电源电路故障。本书着重讲述典型的AC/DC和DC/DC开关电源电路故障维修方法并从实践角度讲解了打印机、LED显示器、液晶彩色电视机、空调器等常见电气设备开关电源电路的检修思路与维修技能。

内容展开时采用全图解的方式讲解，同时融入了大量检修实物图和应用电路图，力求使初学者更容易地理解和掌握检测维修方法。

本书内容通俗易懂，重点突出，具有较强的针对性与实用性，旨在帮助电子电工技术人员、工程维修人员和电气维修人员扎实掌握维修思路和技巧，提升维修经验。

**图书在版编目（CIP）数据**

开关电源维修实践技能全图解/张军编著. —北京：中国铁道出版社有限公司，2020.9（2024.12重印）
ISBN 978-7-113-26998-2

Ⅰ.①开… Ⅱ.①张… Ⅲ.①开关电源-维修-图解
Ⅳ.①TN86-64

中国版本图书馆CIP数据核字（2020）第104521号

书　　名：开关电源维修实践技能全图解
KAIGUAN DIANYUAN WEIXIU SHIJIAN JINENG QUANTUJIE

作　者：张军

责任编辑：荆　波　　　编辑部电话：（010）63549480　　　电子邮箱：the-tradeoff@qq.com
封面设计：高博越
责任校对：孙　玫
责任印制：赵星辰

出版发行：中国铁道出版社有限公司（100054，北京市西城区右安门西街8号）
印　　刷：河北宝昌佳彩印刷有限公司
版　　次：2020年9月第1版　2024年12月第7次印刷
开　　本：787 mm×1 092 mm　1/16　印张：16.75　字数：397千
书　　号：ISBN 978-7-113-26998-2
定　　价：59.80元

**为什么
写这本书**

电气设备维修实践证明，电气设备的故障中大多数都是由电源供电问题引起，这也决定了开关电源电路是电气设备中故障高发的地方；一般在维修电气设备时，都会先对开关电源电路输出电压进行检测。

那么如何掌握电气设备开关电源的维修技能呢？其实也不难，只要"多看、多学、多问、多练"即可。

首先，工具仪表（如万用表等）的使用方法和技巧是必须要掌握的。检修开关电源电路板时，如何才能知道电路的工作状态是否正常，哪些电子元器件出现了问题，出现了什么样的问题，这些都需要借助一些工具仪表来帮我们进行判断，这首先就需要掌握它们的使用方法和技巧。

其次要掌握各种电子元器件好坏检测技术，不管什么类型的电路板，它都离不开电子元器件，开关电源电路也不例外，也是由各种类型的电子元器件所组成的。因此要掌握开关电源电路板维修技术，就必须要学懂开关电源电路板中的各种电子元器件好坏的检测方法。

最后，要重点掌握开关电源的基本原理及常见电路功能，将开关电源电路的各个单元电路熟记于心，便于维修时分析判断故障；除此之外，还要结合实践案例掌握开关电源电路故障检修思路，梳理实践维修流程，总结检测维修方法并不断积累维修经验。

要掌握以上知识和技能，一本"理论＋实践"的维修书籍是必不可少的，它会像师傅带徒弟似的，帮助读者夯实开关电源电路的基本原理，循序渐进地掌握开关电源电路的维修方法和技巧，使初学者快速成长为维修工程师，这就是笔者编写这本书的目的。

## 全书
## 学习地图

本书共分 9 章，从整体上来讲，可以划分为以下三个部分。

第 1~3 章旨在帮助读者读懂电路图，掌握基本工具仪器使用，并对常见电子元器件的检测维修做了详细描述。

第 4~5 章讲解了 AC/DC 和 DC/DC 两种类型开关电源电路的原理及常见电路维修实战。

第 6~9 章分别讲解了打印机、LED 显示器、液晶电视机、空调器等设备开关电源电路的原理及维修实战。

## 本书特点

**1**　图解丰富，一目了然

采用图解的方式，图文并茂，手把手地教读者测量开关电源电路中各个基本功能单元电路，让读者边看边学，快速成为一个维修高手。

**2**　内容全面，知识点多

讲解了各种开关电源电路维修的基本技能，涉及典型 AC/DC 开关电源和 DC/DC 开关电源的维修；同时对打印机、LED 显示器、液晶电视机、空调器等设备的开关电源维修进行了实践性讲解。

**3**　实战性强，实操丰富

不但总结了常见电子元器件好坏检测方法以及各种开关电源不同故障维修方法，而且通过精心筛选的经典维修案例步步为营地引领读者逐渐掌握实践检修思路与技巧。

## 扫码视频与整体下载包

　　为了帮助读者更加扎实地掌握开关电源维修的重点和难点，笔者特地制作了 16 段现场检修视频，以二维码形式嵌入了书中相应章节之中，可实现扫码即看。

　　除此之外，为了方便不同网络环境的读者下载学习，笔者把书中的 16 段扫码视频整理成为一个整体下载包，读者可通过封底二维码与下载链接获取。

## 适合阅读本书的读者

　　本书较为系统地讲述了开关电源电路的基本原理，并融入大量维修实践；旨在帮助电子电工技术人员、工程维修人员和电气维修人员扎实掌握维修思路和技巧，提升维修经验。

　　由于笔者水平有限，书中难免有疏漏和不足之处，恳请业界同仁及读者朋友提出宝贵意见和真诚批评。

张军

2022 年 11 月

# 目　录

**第 3 章**

**开关电源
电子元器件
好坏检测**

## 第 5 章
## DC/DC
## 开关电源电路故障分析与检测实战

## 第 6 章
### 打印机开关电源电路故障分析与检测实战

## 第 7 章
### LED 显示器开关电源电路故障分析与检测实战

## 第 8 章

**液晶彩色电视机开关电源电路故障分析与检测实战**

# 第 1 章

# 如何读懂电路图

看懂电路图，并且能在实际工作中灵活运用，是一名专业电子电工维修人员的基本要求。本章将重点讲解如何看懂复杂的电路图。

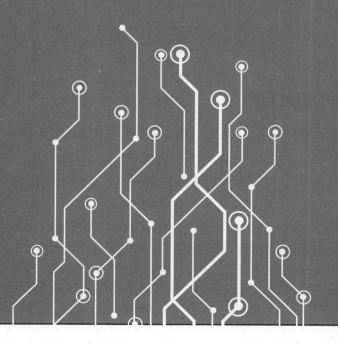

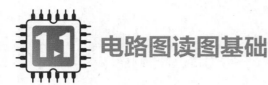

## 1.1 电路图读图基础

### 1.1.1 什么是电路图

　　电路图是人们为了研究和工程的需要，用约定的符号绘制的一种表示电路结构的图形。通过电路图可以分析和了解实际电路的情况。这样，我们在分析电路时，就不必把实物翻来覆去地琢磨，只要拿着一张图纸即可，从而大大提高了工作效率。如图1-1所示为某设备部分电路图。

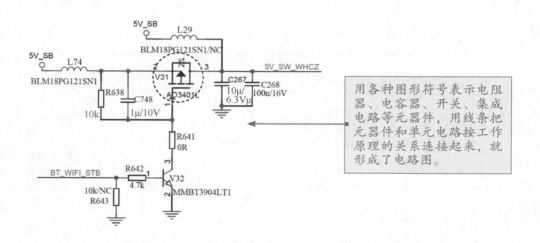

用各种图形符号表示电阻器、电容器、开关、集成电路等元器件，用线条把元器件和单元电路按工作原理的关系连接起来，就形成了电路图。

图1-1　某设备部分电路图

### 1.1.2 电路图的组成元素

　　电路图主要由元器件符号、连线、结点和注释等4大部分组成，如图1-2所示。

　　（1）元器件符号：表示实际电路中的元器件，它的形状与实际的元器件不一定相似，甚至完全不一样。但是它一般都表示元器件的特点，而且引脚的数目都和实际元器件保持一致。

　　（2）连线：表示实际电路中的导线，在原理图中虽然是一根线，但在常用的印制电路板中往往不是线而是各种形状的铜箔块，就像收音机原理图中的许多连线在印制电路板图中并不一定都是线形的，也可以是一定形状的铜膜。需要注意的是，在电路原理图中总线的画法经常是采用一条粗线，在这条粗线上再分支出若干支线连到各处。

（3）结点：表示几个元器件引脚或几条导线之间相互的连接关系。所有和结点相连的元器件引脚、导线，不论数目多少，都是导通的。不可避免的，在电路中肯定会有交叉的现象，为了区别交叉相连和不连接，一般在电路图制作时，给相连的交叉点加实心圆点表示，不相连的交叉点不加实心圆点或绕半圆表示，也有个别的电路图用空心圆来表示不相连。

（4）注释：在电路图中十分重要，电路图中所有的文字都可以归入注释一类。在电路图的各个地方都有注释存在，用于说明元器件的型号、名称等。

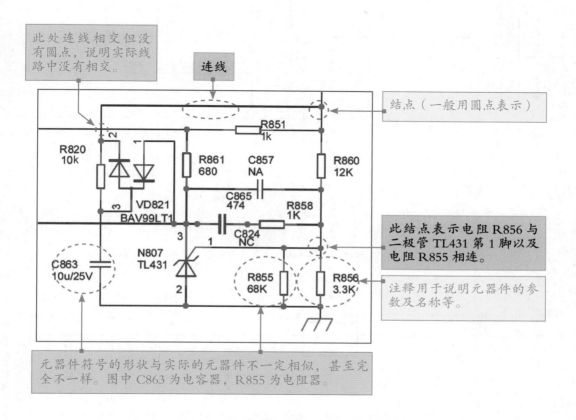

图 1-2　电路图组成元素

## 1.1.3　维修中会用到的电路原理图

日常维修中经常用到的电路图主要是电路原理图，下面进行详细分析。

电路原理图是用来体现电子电路工作原理的一种电路图。由于它直接体现了电子电路的结构和工作原理，所以一般用在设计、分析电路中，如图 1-3 所示。

在电路原理图中，用符号代表各种电子元器件，它给出了产品的电路结构、各单元电路的具体形式和单元电路之间的连接方式。

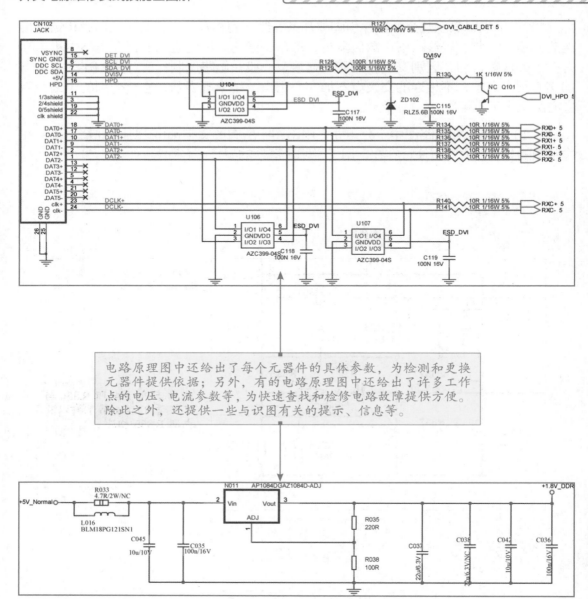

电路原理图中还给出了每个元器件的具体参数，为检测和更换元器件提供依据；另外，有的电路原理图中还给出了许多工作点的电压、电流参数等，为快速查找和检修电路故障提供方便。除此之外，还提供一些与识图有关的提示、信息等。

图 1-3　电路原理图

## 1.1.4　如何对照电路图查询故障元器件

　　在维修电路时，根据故障现象检查电路板上的疑似故障元器件后（如有元器件发热较大或外观有明显故障现象），接下来需要进一步了解元器件的功能。这时，通常先查到元器件的编号，然后根据元器件的编号，结合电路原理图了解元器件的功能和作用，依次进一步找到具体故障元器件，如图1-4所示。

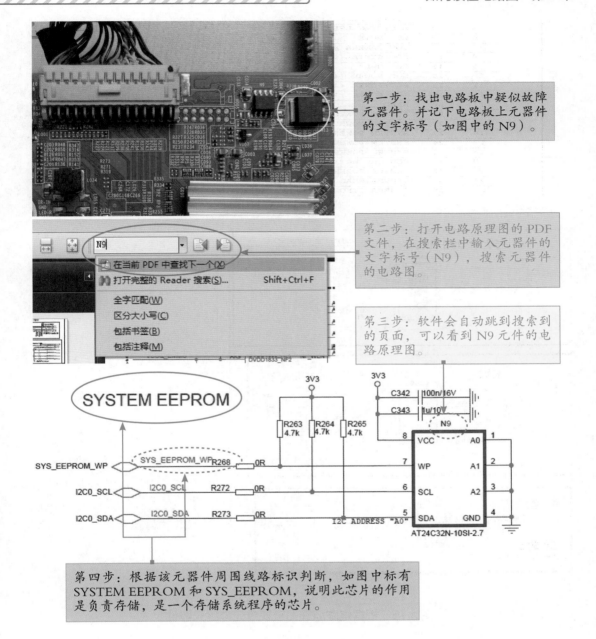

第一步：找出电路板中疑似故障元器件。并记下电路板上元器件的文字标号（如图中的N9）。

第二步：打开电路原理图的PDF文件，在搜索栏中输入元器件的文字标号（N9），搜索元器件的电路图。

第三步：软件会自动跳到搜索到的页面，可以看到N9元件的电路原理图。

第四步：根据该元器件周围线路标识判断，如图中标有SYSTEM EEPROM和SYS_EEPROM，说明此芯片的作用是负责存储，是一个存储系统程序的芯片。

图1-4　查询故障元件功能

## 1.1.5　根据电路原理图查找单元电路元器件

　　根据电路原理图找到故障相关电路元器件的编号（如无法开机，就查找电源电路的相关元器件），然后在电路板上查找相应的元器件进行检测，如图1-5所示。

| | 5 | 7 | SOC:JTAG,USB,XTAL |
|---|---|---|---|
| | 6 | 8 | SOC:PCIE |
| | 7 | 9 | SOC:CAMERA & DISPLAY |
| | 8 | 10 | SOC:SERIAL & GPIO |
| C | 9 | 11 | SOC:OWL |
| | 10 | 12 | SOC:POWER (1/3) |
| | 11 | 13 | SOC:POWER (2/3) |
| | 12 | 15 | SOC:POWER (3/3) |
| | 13 | 20 | NAND |
| | 14 | 21 | SYSTEM POWER:PMU (1/3) |
| | 15 | 22 | SYSTEM POWER:PMU (2/3) |
| | 16 | 23 | SYSTEM POWER:PMU (3/3) |
| | 17 | 24 | SYSTEM POWER:CHARGER |
| | 18 | 30 | SYSTEM POWER:BATTERY CONN |
| | 19 | 31 | SENSORS:MOTION SENSORS |
| | 20 | 32 | CAMERA:FOREHEAD FLEX B2B |
| | 21 | 33 | CAMERA:REAR CAMERA B2B |
| | 22 | 35 | CAMERA:STROBE DRIVER |

第一步：根据电路原理图的目录页（一般在第一页）查找相关电路的关键词，如供电电路就查找SYSTEM POWER，对应的页数为14页。

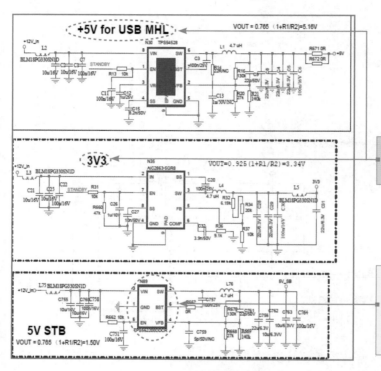

第二步：打开第14页可以看到与电源有关的电路。

第三步：N89为电源管理芯片的标号，TPS562200为管理芯片的型号。然后在电路板中找电源电路中的元器件进行检测，查找故障。

**图1-5　根据电路原理图查找单元电路元器件**

## 1.2 看懂电路原理图中的各种标识

　　要看懂读懂电路原理图，首先应建立图形符号与电气设备或部件的对应关系以及明确文字标识的含义，才能了解电路图所表达的功能、连接关系等，如图1-6所示。

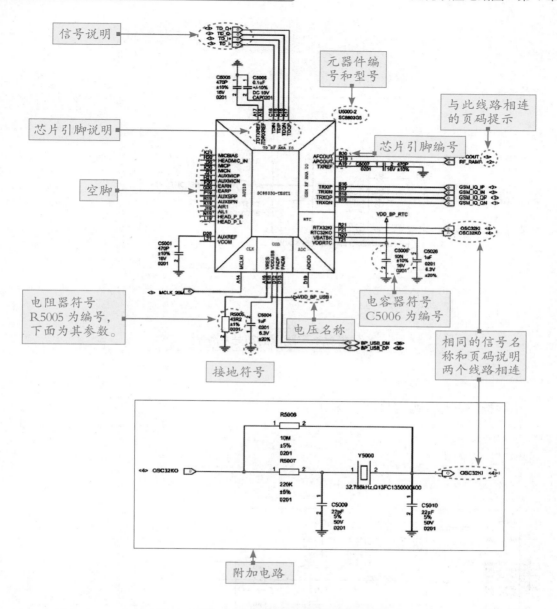

图 1-6　电路图中的各种标识

## 1.2.1　电路图中的元器件编号

　　电路图中对每一个元器件都进行编号，编号规则一般为字母 + 数字，如 CPU 芯片的编号为 U101。

### 1.　电阻器的符号和编号

电阻器的符号和编号如图 1-7 所示。

电阻器一般用"R"文字符号来表示，━◻━表示电阻器。
图中 R5030，R 表示电阻器，5030 为其编号，100K 为其容
量表示 100kΩ，±5% 为其精度，0201 为其规格。

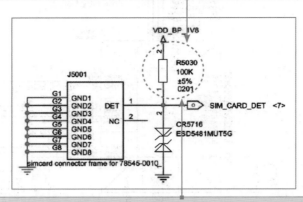

在电路中，电阻器的主要作用是稳定和调节电路中的电流和
电压，即控制某一部分电路的电压和电流比例的作用。

**图 1-7　电阻器的符号和编号**

### 2. 电容器的符号和编号

电容器的符号和编号如图 1-8 所示。

图中电容器的符号表示有极性电容，通常用在供电电路中，
C607 中的 C 表示电容器，607 为其编号，22μF 为其容量，
0603 为其规格，6.3V 为其耐压参数，±20% 为其精度参数。

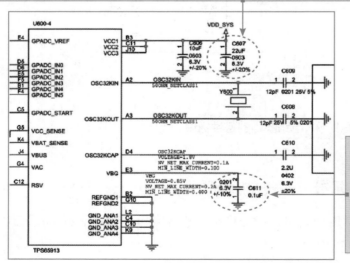

在电路中，电容器有储能、滤波、
旁路、去耦等作用。图中的电容
符号表示无极性电容，C611 中
的 C 表示电容器，611 为其编号，
0.1μF 为其容量，0201 为其规
格，6.3V 为其耐压参数，±10%
为其精度参数。

**图 1-8　电容器的符号和编号**

### 3. 电感器的符号和编号

电感器的特性之一就是通电线圈会产生磁场，且磁场大小与电流的特性息息相关。当交流电通过电感器时电感器对交流电有阻碍作用，而直流电通过电感器时，可以顺利通过。电感器的符号和编号如图 1-9 所示。

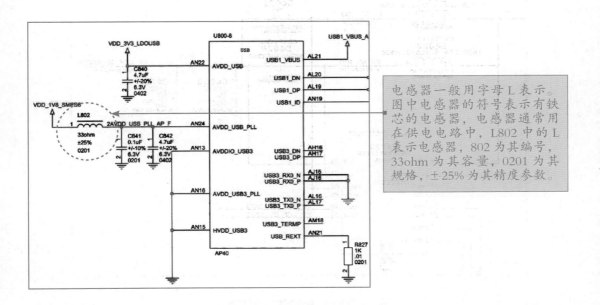

电感器一般用字母 L 表示。图中电感器的符号表示有铁芯的电感器，电感器通常用在供电电路中，L802 中的 L 表示电感器，802 为其编号，33ohm 为其容量，0201 为其规格，±25% 为其精度参数。

图 1-9　电感器的符号和编号

### 4. 二极管的符号和编号

二极管一般用字母 D、VD 等表示。除了稳压二极管，常用的二极管还有整流二极管、开关二极管、检波二极管、快恢复二极管、发光二极管等。二极管的符号和编号如图 1-10 所示。

### 5. 三极管的符号和编号

在电路中，三极管最重要的特性就是对电流的放大作用。实质上是一种以小电流操控大电流的作用，并不是一种使能量无端放大的过程，该过程遵循能量守恒。三极管的符号和编号如图 1-11 所示。

### 6. 场效应晶体管的符号和编号

场效应管是一种用电压控制电流大小的器件，即利用电场效应来控制管子的电流。场效应管的品种有很多，按其结构可分为两大类，一类是结型场效应管，另一类是绝缘栅型场效应管。每种结构又有 N 沟道和 P 沟道两种导电沟道。场效应晶体管（简称场效应管）的符号和编号如图 1-12 所示。

图中二极管符号表示稳压二极管，D4021 中的 D 表示二极管，4021 为其编号，NSR0530P2T5G 为其型号。

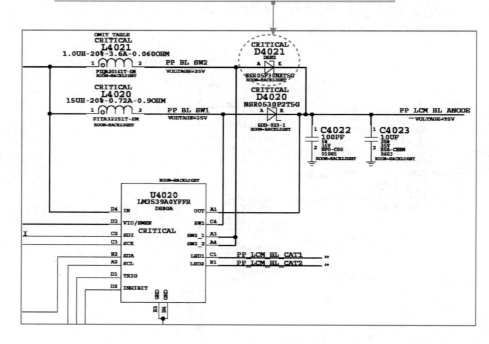

图 1-10　二极管的符号和编号

Q802 中的 Q 表示三极管，802 为其编号，EMD6T2R 为其型号。三极管有三个极，b 极（基极）、e 极（发射极）和 c 极（集电极）。按照导电类型可分为 NPN 型和 PNP 型。

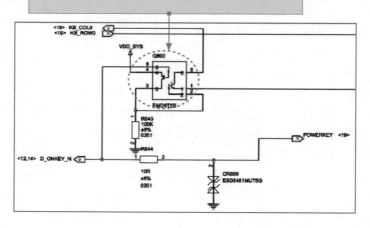

图 1-11　三极管的符号和编号

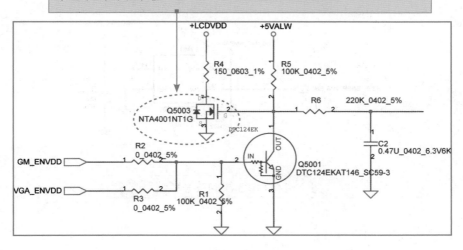

Q5003 中的 Q 表示场效应管，5003 为其编号，NTA4001NT1G 为其型号。场效应管有三个极，G 极（栅极）、D 极（漏极）和 S 极（源极）。

**图 1-12　场效应晶体管的符号和编号**

### 7. 晶振的符号和编号

晶振的作用在于产生原始的时钟频率，时钟频率经过频率发生器的放大或缩小后就成了电路中各种不同的总线频率。晶振的符号和编号如图 1-13 所示。

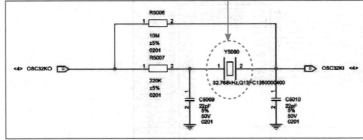

晶振一般用字母 X、Y 或 Z 表示。Y5000 中的 Y 表示晶振，5000 为编号，32.768kHz 为晶振的频率。

**图 1-13　晶振的符号和编号**

### 8. 稳压器的符号和编号

稳压电路是一种将不稳定直流电压转换成稳定的直流电压的集成电路。稳压器的符号和编号如图 1-14 所示。

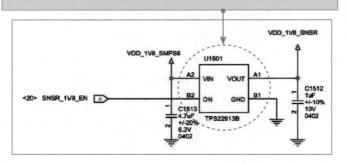

图 1-14　稳压器的符号和编号

## 9. 集成电路的符号和编号

集成电路是一种微型电子器件或部件，它的内部包含很多个晶体管、二极管、电阻器、电容器和电感器等元件。集成电路的符号和编号如图 1-l5 所示。

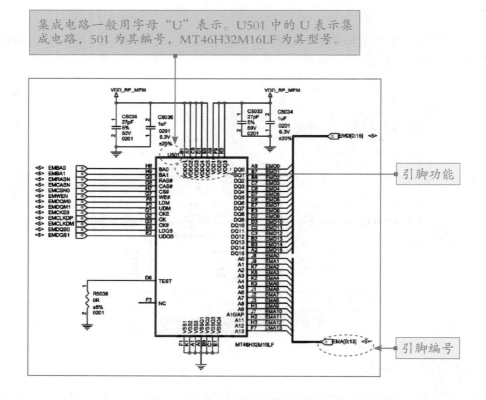

图 1-15　集成电路的符号和编号

### 10. 集成电路的引脚分布规律

SOP 封装的集成电路的引脚分布规律如图 1-16 所示。

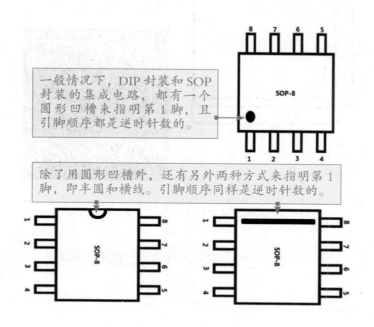

一般情况下，DIP 封装和 SOP 封装的集成电路，都有一个圆形凹槽来指明第 1 脚，且引脚顺序都是逆时针数的。

除了用圆形凹槽外，还有另外两种方式来指明第 1 脚，即半圆和横线。引脚顺序同样是逆时针数的。

图 1-16　DIP 封装、SOP 封装的集成电路的引脚分布规律

TQFP 封装的集成电路的引脚分布规律如图 1-17 所示。

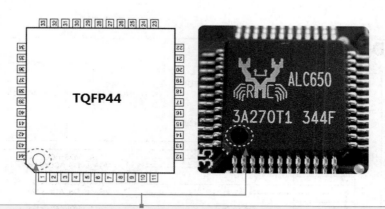

TQFP 封装的集成电路，有一个圆形凹槽或圆点来指明第 1 脚，这种封装的集成电路四周都有引脚，且引脚顺序都是逆时针数的。

图 1-17　TQFP 封装的集成电路的引脚分布规律

BGA 封装的集成电路的引脚分布规律如图 1-18 所示。

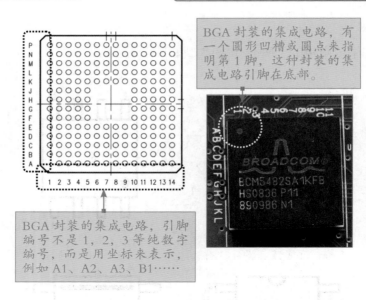

图 1-18　BGA 封装的集成电路的引脚分布规律

11. 接口的符号和编号

接口的功能通常用来将两个电路板或将部件连接到主板。接口的符号和编号如图 1-19 所示。

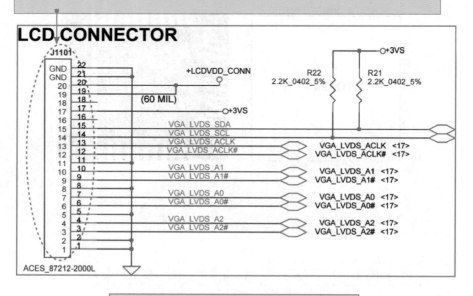

图 1-19　接口的符号和编号

## 1.2.2　电路连接页号提示

为了用户方便查找，在每一条非终端的电路上会标识与之连接的另一端信号的页码。根据电路信号的连接情况，可以了解电路的工作原理，如图 1-20 所示。

（1）如果想查找 GSM_IQ_IP 和 GSM_IQ_IN 由谁输入到 U5000 的，那么根据线路连接页号提示，这两个信号与第 3 页相连。

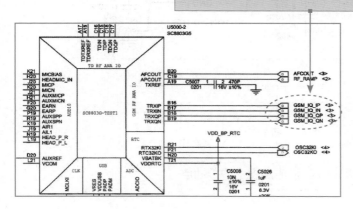

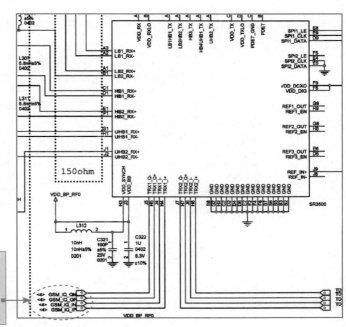

（2）进入第 3 页，找到 GSM_IQ_IP 和 GSM_IQ_IN 两个信号，可以查到这两个信号与芯片 U300 相连。

图 1-20　电路连接页号提示

## 1.2.3 接地点

电路图中的接地点如图 1-21 所示。

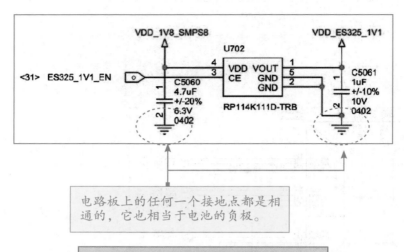

电路板上的任何一个接地点都是相通的，它也相当于电池的负极。

图 1-21 电路图中的接地点

## 1.2.4 信号说明

信号说明是对该电路传输的信号进行描述，信号说明如图 1-22 所示。

如 SIM0_RST，说明此信号是 SIM 卡复位信号。

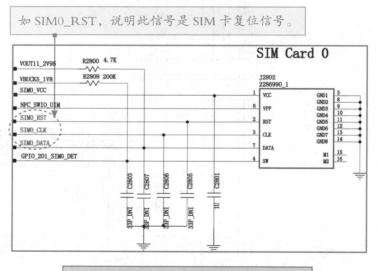

图 1-22 信号说明

## 1.2.5 电路化简标识

电路化简标识一般用于批量线路走线时使用，电路化简标识如图 1-23 所示。

U800-6 SDMM 的存储器数据总线 SDMMC4_DAT0
至 SDMMC4_DAT7 一起连接到 FLASH 的数据总线。

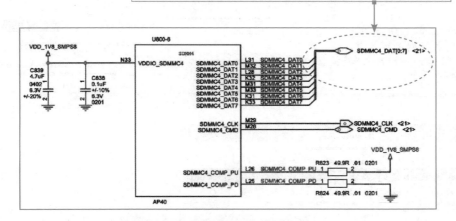

图 1-23　电路化简标识

# 查询元器件型号

## 1.3.1　通过元器件型号查询元器件详细参数

在实际维修中，由于缺少电路图，经常需要通过电路板上看到的元器件型号，查找元器件的参数信息，下面来了解元器件的功能作用。

那么如何查询元器件的参数信息呢？如图 1-24 所示。

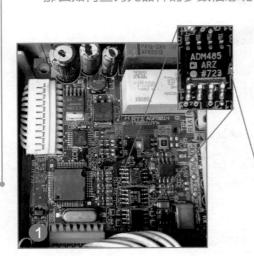

首先查看并记下电路板上芯片的型号，如图中的芯片型号为 ADM485。

图 1-24　查询元器件的参数信息

在浏览器的地址栏中输入芯片资料网的网址：http://www.alldatasheet.com，并按回车键，打开此网站。

在网站的查询栏中输入芯片型号"ADM485"，然后单击右侧的查询图标。

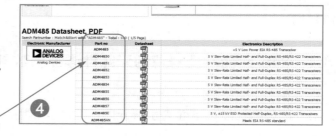

在网页下面会看到搜索到的结果。单击搜到的"ADM485"选项按钮。

打开新的页面，显示PDF资料文件缩略图。单击左侧的缩略图即可打开资料文件。

图1-24　查询元器件的参数信息（续）

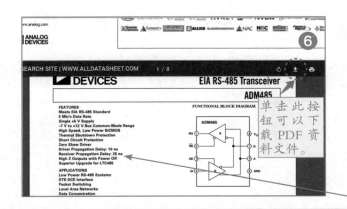

单击此按钮可以下载 PDF 资料文件。

在网页的下半部分会显示打开的 PDF 资料文件。

图 1-24　查询元器件的参数信息（续）

## 1.3.2　通过贴片元器件丝印代码查询元器件型号信息

1.3.1 节讲解了如何通过芯片型号查询芯片的参数资料信息，但在电路板上还有一些特别小的贴片电感器、电容器、二极管、三极管等小元器件。由于体积很小，它的上面只能印刷 2~3 个字母或数字，如 A6 等。这些印字根本不是元器件的型号，它只是一个代码。而通过代码是无法在芯片资料网中查到元器件的资料文件的（只有通过型号才能查询）。

那么，怎样才能通过元器件上的丝印代码查询元器件的参数信息呢？首先通过代码查到元器件的型号，然后在芯片资料网站中查询其资料信息。方法如图 1-25 所示。

首先记下元器件上的代码，如图中的"A6"。

在浏览器的地址栏中输入芯片丝印反查网的网址：http://www.smdmark.com，并按回车键，打开此网站。

图 1-25　通过贴片元器件丝印代码查询元器件型号信息

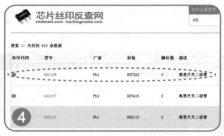

在查询栏中输入芯片代码"A6"，然后单击右侧的"手气不错"查询按钮。

接下来会以列表的形式展示查询结果。其中第二列是型号信息，第五、六列为引脚数和功能描述。找到与查询的元器件接近的选项，记下型号信息，如"BAS16W"。

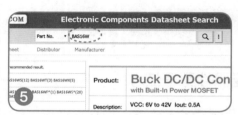

然后打开芯片资料网（http://www.alldatasheet.com），并输入刚才查询的型号，进行查询。

接着打开查询的 PDF 资料文件，可以看到元器件的详细参数信息。

图 1-25　通过贴片元器件丝印代码查询元器件型号信息（续）

# 第 2 章

# 常用检测维修工具
# 使用技巧

在维修开关电源电路时，经常要用到一些检测和维修工具；正确掌握、应用、保养好这些工具，对维修操作应用很有益处。本章将对万用表、电烙铁、吸锡器等常用维修工具的使用方法进行讲解。

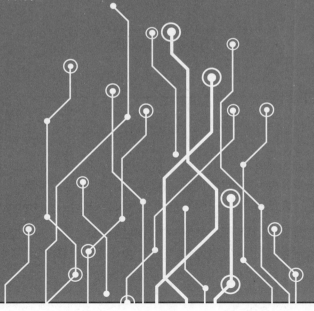

# 2.1 万用表操作方法

万用表是一种多功能、多量程的测量仪表；万用表有很多种，目前常用的有指针万用表和数字万用表两种，如图 2-1 所示。

万用表可测量直流电流、直流电压、交流电流、交流电压、电阻和音频电平等，是电工和电子维修中必备的测试工具。

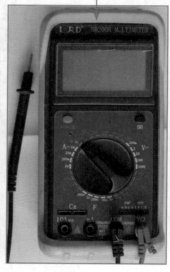

（a）指针万用表　　　　　　（b）数字万用表

图 2-1　万用表

## 2.1.1　万用表的结构

1. 数字万用表的结构

数字万用表具有显示清晰、读取方便、灵敏度高、准确度高、过载能力强、便于携带、使用方便等优点。数字万用表主要由液晶显示屏、挡位选择钮、表笔插孔及三极管插孔等组成。如图 2-2 所示。

（即扫即看）

其中，功能旋钮可以将万用表的挡位在电阻挡（Ω）、交流电压（V～）、直流电压挡（V—）、交流电流挡（A～）、直流电流挡（A—）、温度挡（℃）和二极管挡之间进行转换；COM 插孔用来插黑表笔，A、mA、VΩHz℃ 插孔用来插红表笔；测量电压、电阻、频率和温度时，红表笔插 VΩHz℃ 插孔；测量电流时，根据电流大小红表笔插 A 或 mA 插孔；温度传感器插孔用来插温度传感器表笔；三极管插孔用来插三极管，用来检测三极管的极性和放大系数。

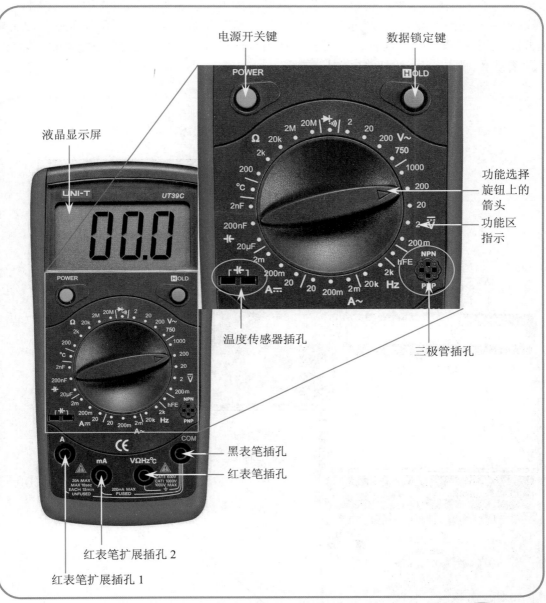

图 2-2　数字万用表的结构

## 2. 指针万用表的结构

指针万用表可以灵敏地显示出所测电路连续变化的情况，同

（即扫即看）

时指针万用表电阻挡的测量电流较大，特别适合在路检测电子元器件。图 2-3 所示为指针万用表表体，主要由功能旋钮、欧姆调零旋钮、表笔插孔及三极管插孔等组成。其中，功能旋钮可以将万用表的挡位在电阻挡（Ω）、交流电压（V~）、直流电压挡（V–）、交流电流挡（A~）、直流电流挡（A–）之间进行转换；COM 插孔用来插黑表笔，+、10A、2500V 插孔用来插红表笔；测量 1000V 以内电压、电阻、500mA 以内电流时，红表笔插 + 插孔；测量大于 500mA 以上电流时，红表笔插 10A 插孔；测量 1000V 以上电压时，红表笔插 2500V 插孔；三极管插孔用来插三极管，用来检测三极管的极性和放大系数。欧姆调零旋钮用来给欧姆挡置零。

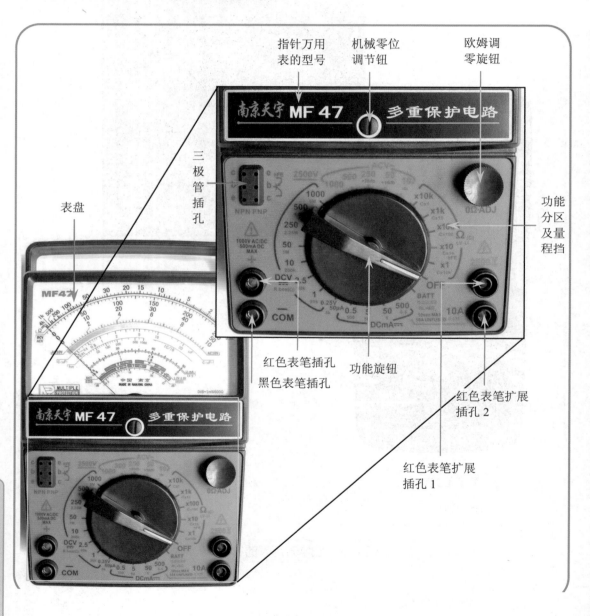

图 2-3　指针万用表的表体

如图 2-4 所示为指针万用表表盘，表盘由表头指针和刻度等组成。

第一条刻度为电阻值刻度，读数从右向左读。

机械调零旋钮，当万用表水平放置时，若指针不在交直流挡标尺的零刻度位，可以通过机械调零旋钮使指针回到零刻度。

第二条刻度为交、直流电压电流刻度，读数从左向右读。

图 2-4  指针万用表表盘

## 2.1.2  指针万用表量程的选择方法

使用指针万用表测量时，第一步要选择合适的量程，这样才能测量准确。

指针万用表量程的选择方法如图 2-5 所示（以测量电阻器为例）。

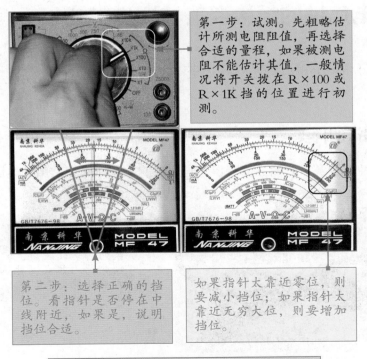

第一步：试测。先粗略估计所测电阻阻值，再选择合适的量程，如果被测电阻不能估计其值，一般情况将开关拨在 R×100 或 R×1K 挡的位置进行初测。

第二步：选择正确的挡位。看指针是否停在中线附近，如果是，说明挡位合适。

如果指针太靠近零位，则要减小挡位；如果指针太靠近无穷大位，则要增加挡位。

图 2-5  指针万用表量程的选择方法

### 2.1.3 指针万用表的欧姆调零实战 ○

在量程选准以后在正式测量之前必须调零，如图 2-6 所示。

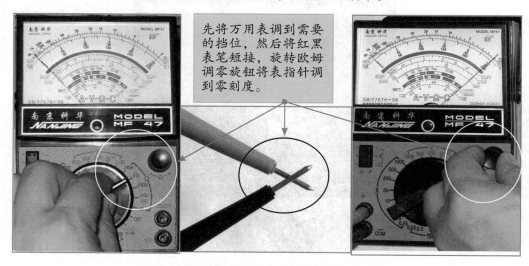

先将万用表调到需要的挡位，然后将红黑表笔短接，旋转欧姆调零旋钮将表指针调到零刻度。

图 2-6 指针万用表的欧姆调零

**注意**：如果重新换挡，在测量之前也必须调零。

##  电烙铁的焊接姿势与操作实战

电烙铁是通过熔解锡进行焊接的一种必备修理工具，主要用来焊接电子元器件间的引脚。

### 2.2.1 电烙铁的种类 ○

电烙铁的种类较多，如图 2-7 所示为电烙铁的分类标准和常用的电烙铁。

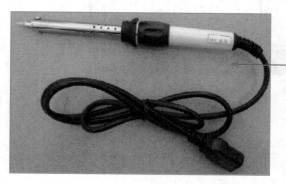

电烙铁是通过熔解锡进行焊接的一种修理时必备的工具电烙铁的种类比较多，常用的电烙铁分为内热式、外热式、恒温式和吸锡式等几种。

图 2-7 电烙铁

外热式电烙铁由烙铁头、烙铁芯、外壳、木柄、电源引线、插头等组成。

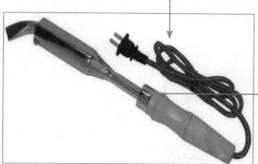

外热式电烙铁的烙铁头一般由紫铜材料制成，用于存储和传导热量。使用时烙铁头的温度必须要高于被焊接物的熔点。烙铁的温度取决于烙铁头的体积、形状和长短。另外为了适应不同焊接要求，有不同规格的烙铁头，常见的有锥形、凿形、圆斜面形等。

当给恒温电路图通电时，电烙铁的温度上升，当到达预定温度时，其内部的强磁体传感器开始工作，使磁芯断开停止通电。当温度低于预定温度时，强磁体传感器控制电路接通控制开关，开始供电使电烙铁的温度上升。

恒温电烙铁头内，一般装有电磁铁式的温度控制器，通过控制通电时间而实现温度控制。

内热式电烙铁因其烙铁芯安装在烙铁头里面而得名。内热式电烙铁由手柄、连接杆、弹簧夹、烙铁芯、烙铁头组成。内热式电烙铁发热快，热利用率高（一般可达 350℃）且耗电少、体积小，因而得到了更加普通的应用。

吸锡电烙铁是一种将活塞式吸锡器与电烙铁融为一体的拆焊工具。其具有使用方便、灵活、适用范围宽等优点，不足之处在于其每次只能对一个焊点进行拆焊。

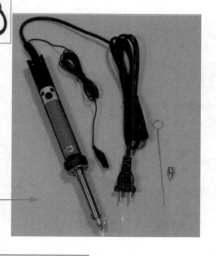

图 2-7　电烙铁（续）

## 2.2.2　焊接操作正确姿势

手工锡焊接技术是一项基本功，就是在大规模生产的情况下，维护和维修也必须使用手工焊接。因此，必须通过学习和实践操作练习才能熟练掌握。如图 2-8 所示为电烙铁的几种握法。

正握法适于中等功率烙铁或带弯头电烙铁的操作。

握笔法一般在操作台上焊印制板等焊件时采用。

反握法动作稳定，长时间操作不宜疲劳，适于大功率烙铁的操作。

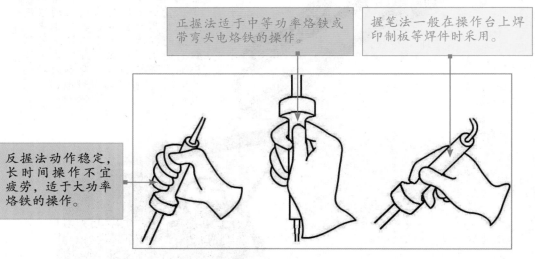

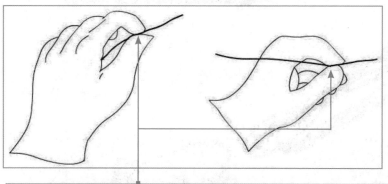

在电焊时，焊锡丝一般有两种拿法，由于焊锡丝中含有一定比例的铅，而铅是对人体有害的一种重金属，因此操作时应该戴手套或在操作后洗手，避免食入铅尘。

图 2-8　电烙铁和焊锡丝的握法

为减少焊剂加热时挥发出的化学物质对人的危害，减少有害气体的吸入量，一般情况下，电烙铁距离鼻子的距离应该不少于 20cm，通常以 30cm 为宜。

## 2.2.3　电烙铁的使用方法

一般新买来的电烙铁在使用前都要将铁头上均匀地镀上一层锡，这样便于焊接并且防止烙铁头表面氧化。

在使用前一定要认真检查确认电源插头、电源线无破损，并检查烙铁头是否松动。如果有出现上述情况请排除后使用。

电烙铁的使用方法如图 2-9 所示。

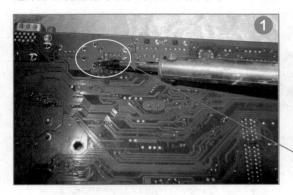

首先观察滤波电容器外观是否爆裂、烧焦等情况。如果有，则电容器损坏，直接更换。如果外观正常，先清洁电容器引脚准备测量。

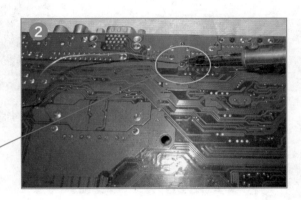

当焊件加热到能熔化焊料的温度后将焊丝置于焊点，焊料开始熔化并润湿焊点。

当熔化一定量的焊锡后将焊锡丝移开。当焊锡完全润湿焊点后移开烙铁，注意移开烙铁的方向应该是大致 45° 的方向。

图 2-9 电烙铁的使用方法

## 2.2.4 焊料与助焊剂有何用处

电烙铁使用时的辅助材料和工具主要包括焊锡、助焊剂等。如图 2-10 所示。

焊锡：熔点较低的焊料。主要用锡基合金做成。

助焊剂：松香是最常用的助焊剂，助焊剂的使用，可以帮助清除金属表面的氧化物，这样利于焊接，又可保护烙铁头。

图 2-10　电烙铁的辅助材料

 **2.3 吸锡器操作方法**

1. 认识吸锡器

吸锡器是拆除电子元器件时，用来吸收引脚焊锡的一种工具，有手动吸锡器和电动吸锡器两种。如图 2-11 所示。

吸锡器是维修拆卸电子元器件所必需的工具，尤其对于集成电路，如果拆除时不使用吸锡器吸收焊锡，很容易导致印制电路板损坏。

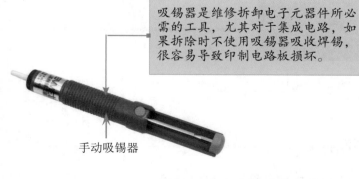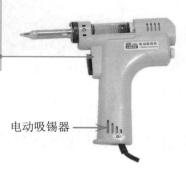

手动吸锡器

电动吸锡器

图 2-11　常见的吸锡器

## 2. 吸锡器的使用方法

吸锡器的使用方法如图 2-12 所示.

首先按下吸锡器后部的活塞杆，然后用电烙铁加热焊点并熔化焊锡。（如果吸锡器带有加热元件，可以直接加热吸取。）当焊点溶化后，用吸锡器嘴对准焊点，按下吸锡器上的吸锡按钮，锡就会被吸走。如果未吸干净可对其重复操作。

图 2-12　锡器使用方法

# 第 3 章

## 开关电源电子元器件好坏检测

电子元器件是电路板的基本组成部件，电路板的故障都是由这些基本电子元器件出现问题导致的，而在维修电路板故障时，也需要通过检测电子元器件来定位故障。因此在学习开关电源维修之前，应先掌握电子元器件好坏检测方法。

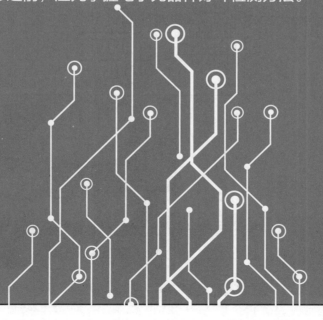

# 3.1 电阻器好坏检测方法

在电路中,电阻器的主要作用是稳定和调节电路中的电流和电压,即控制某一部分电路的电压和电流比例的作用。电阻器是电路元件中应用最广泛的一种,在电子设备中约占元器件总数的 30%。

## 3.1.1 常用电阻器有哪些

电阻器是电路中最基本的元器件之一,其种类较多,如图 3-1 所示。

贴片电阻器具有体积小、重量轻、安装密度高、抗震性强、抗干扰能力强、高频特性好等优点。

排电阻器(简称排阻)是一种将多个分立电阻器集成在一起的组合型电阻器。

8脚排电阻器和10脚排电阻器内部结构。

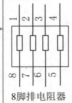
8脚排电阻器

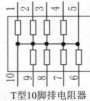
T型10脚排电阻器

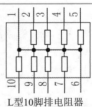
L型10脚排电阻器

熔断电阻器的特性是阻值小,只有几欧姆,超过额定电流时就会烧坏,在电路中起到保护作用。

图 3-1 电阻器的种类

碳膜电阻器电压稳定性好，造价低。从外观看，碳膜电阻器有四个色环，为蓝色。

金属膜电阻器体积小、噪声低，稳定性良好。从外观看，金属膜电阻器有五个色环，为土黄色或是其他的颜色。

压敏电阻器主要用在电气设备交流输入端，用作过电压保护。当输入电压过高时，它的阻值将减小，使串联在输入电路中的熔断管熔断，切断输入，从而保护电气设备。

图 3-1　电阻器的种类（续）

## 3.1.2　电阻器的图形符号和文字符号

维修电路时，通常需要参考电器设备的电路原理图来查找问题，而电路图中的元器件主要用元器件符号来表示。元器件符号包括文字符号和图片符号。其中，电阻器一般用"R"文字符号表示，另外一些厂商电路图中也会用"RN""RF""FS"等文字符号表示电阻器。如表 3-1 所示为常见电阻器的电路图形符号。图 3-2 所示为电路图中电阻器的符号。

表 3-1　常见电阻器的电路图形符号

| 一般电阻器 | 可变电阻器 | 光敏电阻器 | 压敏电阻器 | 热敏电阻器 |
|---|---|---|---|---|

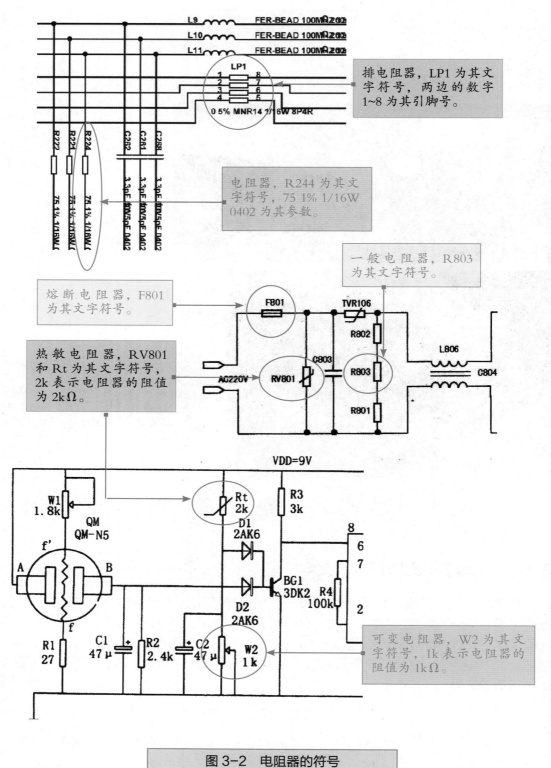

图 3-2　电阻器的符号

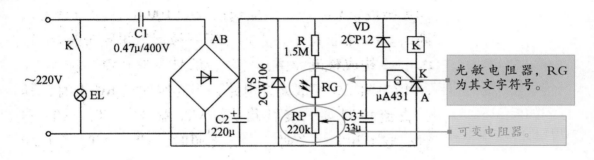

图 3-2　电阻器的符号（续）

### 3.1.3　计算电阻器的阻值

　　电阻器的阻值标注法通常有色环法，数标法。色环法在一般的的电阻器上比较常见，数标法通常用在贴片电阻器上。

1.　读懂数标法标注的电阻器

　　数标法用三位数表示阻值，前两位表示有效数字，第三位数字是倍率，如图3-3所示。

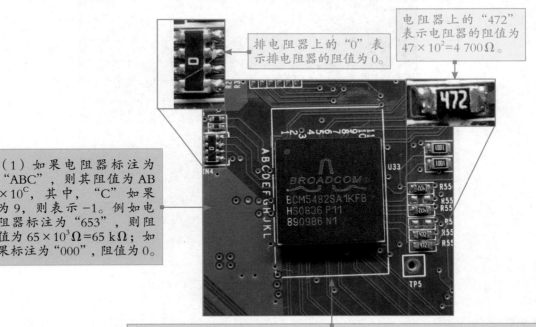

　　排电阻器上的"0"表示排电阻器的阻值为0。

　　电阻器上的"472"表示电阻器的阻值为 $47 \times 10^2 = 4\,700\,\Omega$。

　　（1）如果电阻器标注为"ABC"，则其阻值为 $AB \times 10^C$，其中，"C"如果为9，则表示 $-1$。例如电阻器标注为"653"，则阻值为 $65 \times 10^3\,\Omega = 65\,k\Omega$；如果标注为"000"，阻值为0。

　　（2）可调电阻器在标注阻值时，也常用二位数字表示。第一位表示有效数字，第二位表示倍率。例如："24"表示 $2 \times 10^4 = 20k\Omega$。还有标注时用 R 表示小数点，如 R22=0.22$\Omega$，2R2=2.2$\Omega$。

图 3-3　数标法标注电阻器

## 2. 读懂色标法标注的电阻器

色标法是指用色环标注阻值的方法，色环标注法使用最多，普通的色环电阻器用四环表示，精密电阻器用五环表示，紧靠电阻体一端头的色环为第一环，露着电阻体本色较多的另一端头为末环。

如果色环电阻器用四环表示，前面两位数字是有效数字，第三位是 10 的倍幂，第四环是色环电阻器的误差范围，如图 3-4 所示。

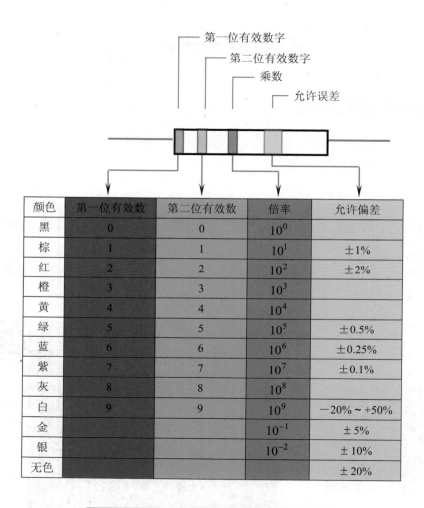

| 颜色 | 第一位有效数 | 第二位有效数 | 倍率 | 允许偏差 |
|------|------|------|------|------|
| 黑 | 0 | 0 | $10^0$ | |
| 棕 | 1 | 1 | $10^1$ | ±1% |
| 红 | 2 | 2 | $10^2$ | ±2% |
| 橙 | 3 | 3 | $10^3$ | |
| 黄 | 4 | 4 | $10^4$ | |
| 绿 | 5 | 5 | $10^5$ | ±0.5% |
| 蓝 | 6 | 6 | $10^6$ | ±0.25% |
| 紫 | 7 | 7 | $10^7$ | ±0.1% |
| 灰 | 8 | 8 | $10^8$ | |
| 白 | 9 | 9 | $10^9$ | −20% ~ +50% |
| 金 | | | $10^{-1}$ | ±5% |
| 银 | | | $10^{-2}$ | ±10% |
| 无色 | | | | ±20% |

图 3-4　四环电阻器阻值说明

如果色环电阻器用五环表示，前面三位数字是有效数字，第四位是 10 的倍幂，第五环是色环电阻器的误差范围，如图 3-5 所示。

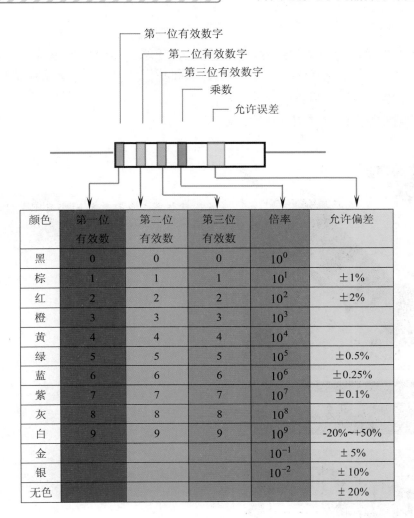

| 颜色 | 第一位<br>有效数 | 第二位<br>有效数 | 第三位<br>有效数 | 倍率 | 允许偏差 |
|---|---|---|---|---|---|
| 黑 | 0 | 0 | 0 | $10^0$ | |
| 棕 | 1 | 1 | 1 | $10^1$ | ±1% |
| 红 | 2 | 2 | 2 | $10^2$ | ±2% |
| 橙 | 3 | 3 | 3 | $10^3$ | |
| 黄 | 4 | 4 | 4 | $10^4$ | |
| 绿 | 5 | 5 | 5 | $10^5$ | ±0.5% |
| 蓝 | 6 | 6 | 6 | $10^6$ | ±0.25% |
| 紫 | 7 | 7 | 7 | $10^7$ | ±0.1% |
| 灰 | 8 | 8 | 8 | $10^8$ | |
| 白 | 9 | 9 | 9 | $10^9$ | -20%~+50% |
| 金 | | | | $10^{-1}$ | ±5% |
| 银 | | | | $10^{-2}$ | ±10% |
| 无色 | | | | | ±20% |

图 3-5　五环电阻器阻值说明

根据电阻器色环的读识方法，可以很轻松地计算出电阻器的阻值，如图 3-6 所示。

电阻器的色环为：棕、绿、黑、白、棕五环，对照色码表，其阻值为 $150×10^9\Omega$，误差为 ±1%。

电阻器的色环为：灰、红、黄、金四环，对照色码表，其阻值为 $82×10^4\Omega$，误差为 ±5%。

图 3-6　计算电阻器阻值

### 3. 如何识别首位色环

经过上述阅读聪明的朋友会发现一个问题，我怎么知道哪个是首位色环？不知道哪个是首位色环，又怎么去核查呢？别急，下面我们将介绍首字母辨认的方法，并通过表格列示出基本色码对照表供您使用。

首色环判断方法大致有如下几种，如图 3-7 所示。

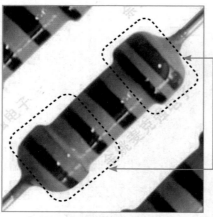

首色环与第二色环之间的距离比末位色环与倒数第二色环之间的间隔要小。

金、银色环常用作表示电阻器误差范围的颜色，即金、银色环一般放在末位，则与之对立的即为首位。

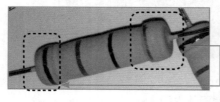

与末位色环位置相比，首位色环更靠近引线端，因此可以利用色环与引线端的距离来判断哪个是首色环。

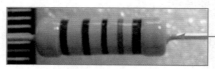

如果电阻器上没有金、银色环，并且无法判断哪个色环更靠近引线端，那么可以用万用表检测一下，根据测量值即可判断首位有效数字及位乘数，对应的顺序就全都知道了。

图 3-7 判断首位色环

## 3.1.4 如何判定电阻器断路

断路也称开路（但也有区别，开路是电键没有接通；断路是不知道哪个地方没有接通）。断路是指因为电路中某一处因断开而使电流无法正常通过，导致电路中的电流为零。中断点两端电压为电源电压，一般对电路无损害。

开路后电阻器两端阻值呈无穷大，可以通过对阻值的检测判断电阻器是否开路。开路后电阻器两端不会有电流流过，因此电阻器两端不再有电压，图 3-8 就是用万用表检测电阻器两端是否有电压来判断电阻器已经开路。

将两支表笔接电阻器的两端

将万用表挡位调到直流电压挡

图 3-8　电阻器两端电压的检测

由图 3-8 测量结果可知，电阻器两端有电压，证明该电阻器未发生断路。

### 3.1.5　如何处理电阻器阻值变小故障

电阻器阻值变小故障的处理方法，如图 3-9 所示。

此类故障比较常见，由于温度、电压、电路的变化超过限值，使电阻值变大或变小，用万用表检查时可发现实际阻值与标称阻值相差很大，而出现电路工作不稳定的故障。阻值变化的这类故障处理方法，一般都采用更换新的电阻器，这样可以彻底消除故障。

图 3-9　阻值变化的电阻器

## 3.1.6　固定电阻器的检测方法

　　固定电阻器的检测相对简便，将指针万用表调至欧姆挡，两表笔分别与电阻器的两引脚相接即可测出实际电阻值，如图 3-10 所示。

（即扫即看）

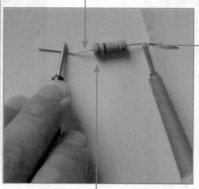

第 1 步：开始可以采用在路检测，如果测量结果不能确定测量的准确性，就将其从电路中焊下来，开路检测其阻值。

第 3 步：将两表笔分别与电阻器的两引脚相接即可测出实际电阻值。

第 2 步：将万用表调至欧姆挡，并调零。

测量电阻器时没有极性限制，表笔可以接在电阻器的任意一端。为了使测量的结果更加精准，应根据被测电阻器标称阻值来选择万用表量程。

图 3-10　测量电阻器

## 3.1.7　熔断电阻器的检测方法

　　熔断电阻器可以通过观察外观和测量阻值来判断好坏，如图 3-11 所示。

在电路中，多数熔断电阻器的开路可根据观察做出判断。例如，若发现熔断电阻器表面烧焦或发黑（也可能会伴有焦味），可断定熔断电阻器已被烧毁。

图 3-11　熔断电阻器的检测

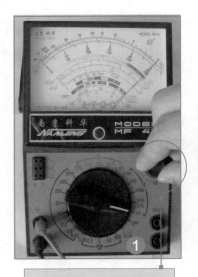

将万用表的挡位调到 R×1 挡，并调零。

两表笔分别与熔断电阻器的两引脚相接测量阻值。

图 3-11 熔断电阻器的检测（续）

若测得的阻值为无穷大，则说明此熔断电阻器已经开路。若测得的阻值与 0 接近，说明该熔断电阻器基本正常。如果测得的阻值较大，则需要开路进行进一步测量。

## 3.1.8 贴片电阻器的检测方法

贴片电阻器的检测方法如图 3-12 所示。

贴片电阻器，电阻器标注为 101 即标称阻值为 100Ω，因此选用万用表的 "R×1" 挡或数字万用表的 200 挡进行检测。

将万用表的红、黑表笔分别接在待测的电阻器两端进行测量。通过万用表测出阻值，观察阻值是否与标称阻值一致。如果实际值与标称阻值相距甚远，证明该电阻器已经出现问题。

图 3-12 贴片电阻器标称阻值的测量

### 3.1.9 贴片排电阻的检测方法

如果是 8 引脚的排电阻，则内部包含 4 个电阻器，如果是 10 引脚的排电阻，可能内部包含 5 个电阻器，所以在检测贴片排电阻时需注意其内部结构。贴片排电阻的检测方法如图 3-13 所示。

第 1 步：将数字万用表的挡位调到 20K 挡。

在检测贴片排电阻时需注意其内部结构，图中电阻的标注为 103，即阻值为 $10 \times 10^3 \Omega$。

第 2 步：检测时应把红、黑表笔加在电阻器对称的两端，并分别测量 4 组对称的引脚。检测到的四组数据均应与标称阻值接近，若有一组检测到的结果与标称阻值相差甚远，则说明该排阻已损坏。

图 3-13　贴片排电阻的检测方法

### 3.1.10 压敏电阻器的检测方法

压敏电阻器的检测方法如图 3-14 所示。

选用万用表的 R×1k 或 R×10k 挡，将两表笔分别加在压敏电阻器两端测出压敏电阻器的阻值，交换两表笔再测量一次。若两次测得的阻值均为无穷大，说明被测压敏电阻器质量合格，否则证明其漏电严重而不可使用。

图 3-14　压敏电阻器的检测方法

## 3.1.11 电阻器代换方法

电阻器的代换方法如图 3-15 所示。

普通固定电阻器损坏后，可以用额定阻值、额定功率均相同的金属膜电阻器或碳膜电阻器代换。

碳膜电阻器损坏后，可以用额定阻值及额定功率相同的金属膜电阻器代换。

如果手头没有同规格的电阻器更换，也可以用电阻器串联或并联的方法做应急处理。需要注意的是，代换电阻器必须比原电阻器有更稳定的性能，更高的额定功率，但阻值只能在标称容量允许的误差范围内。

图 3-15　电阻器的代换方法

# 3.2 电容器好坏检测方法

电容器是电路中引用最广泛的元器件之一，电容器由两个相互靠近的导体极板中间夹一层绝缘介质构成，它是一种重要的储能元件。

## 3.2.1 常用电容器有哪些

常用的电容器如图 3-16 所示。

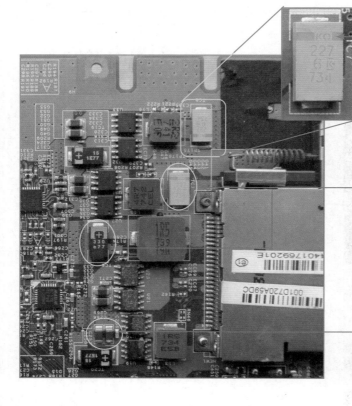

正极符号

有极性贴片电容也就是平时所称的电解电容，由于其紧贴电路板，要求温度稳定性要高，所以贴片电容以钽电容为多。根据其耐压不同，贴片电容又可分为A、B、C、D四个系列，A类封装尺寸为3216，耐压为10V，B类封装尺寸为3528，耐压为16V，C类封装尺寸为6032，耐压为25V，D类封装尺寸为7343，耐压为35V。

贴片电容也称多层片式陶瓷电容器，无极性电容在以下两类封装中最为常见，即0805、0603等，其中，08表示长度是0.08英寸、05表示宽度为0.05英寸。

铝电解电容器是由铝圆筒做负极，里面装有液体电解质，插入一片弯曲的铝带做正极而制成的。它的特点是容量大、漏电大、稳定性差，适用于低频或滤波电路，有极性限制，使用时不可接反。

陶瓷电容器又称瓷介电容器，它以陶瓷为介质。陶瓷电容器损耗小，稳定性好且耐高温，温度系数范围宽，且价格低、体积小。

图 3-16　常用电容器

固态电容，全称为固态铝质电解电容。

固态电容的介电材料为导电性高分子材料，而非电解液。可以持续在高温环境中稳定工作，具有极长的使用寿命，低 ESR（串联等效电阻）和高额定纹波电流等特点。

陶瓷电容器是用陶瓷做介质。特点是：体积小、耐热性好、损耗小、绝缘电阻高，但容量小，适用于高频电路。

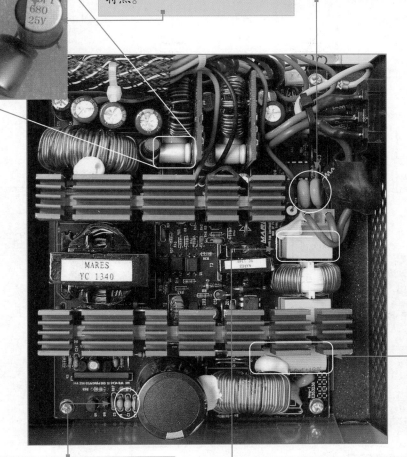

圆轴向电容器由一根金属圆柱和一个与它同轴的金属圆柱壳组合而成。其特点是：损耗小、优异的自愈性、阻燃胶带外包和环氧密封、耐高温、容量范围广等。

独石电容器属于多层片式陶瓷电容器，它是一个多层叠合的结构，其实就是多个简单平行板电容器的并联体。它的温度特性好，频率特性好，容量比较稳定。

安规电容器是指电容器失效后，不会导致电击，不危及人身安全的安全电容器。出于安全考虑和 EMC 考虑，一般在电源入口建议加上安规电容器。它们用在电源滤波器中，起到电源滤波作用，分别对共模、差模干扰起滤波作用。

图 3-16　常用电容器（续）

## 3.2.2　电容器的图形符号和文字符号

　　维修电路时，通常需要参考电器设备的电路原理图来查找问题，下面结合电路图来识别电路图中的电容器。电容器一般用"C"文字符号表示，有的厂商电路图中用

"PC""EC""TC""BC"等文字符号表示。如表3-2所示为常见电容器的电路图形符号。图3-17所示为电路图中的电容器。

表3-2　常见电容器的电路图形符号

| 固定电容器 | 可变电容器 | 极性电容器 | 电解电容器 |
|---|---|---|---|
| | | | |

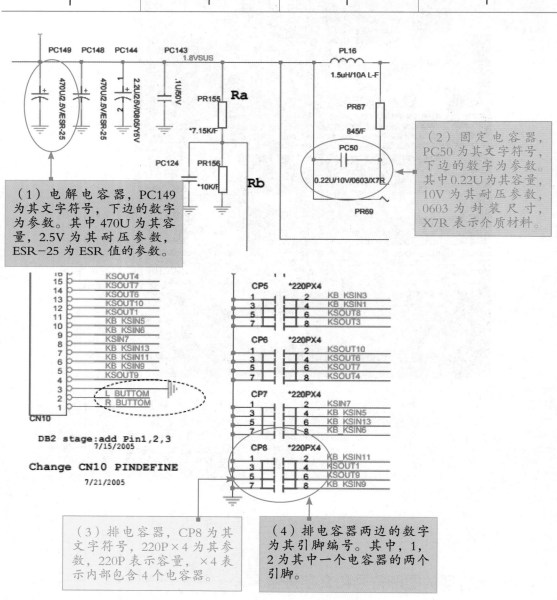

（1）电解电容器，PC149为其文字符号，下边的数字为参数。其中470U为其容量，2.5V为其耐压参数，ESR-25为ESR值的参数。

（2）固定电容器，PC50为其文字符号，下边的数字为参数。其中0.22U为其容量，10V为其耐压参数，0603为封装尺寸，X7R表示介质材料。

（3）排电容器，CP8为其文字符号，220P×4为其参数，220P表示容量，×4表示内部包含4个电容器。

（4）排电容器两边的数字为其引脚编号。其中，1，2为其中一个电容器的两个引脚。

图3-17　电容器的符号

### 3.2.3 如何读懂电容器的参数

电容器的参数通常会标注在电容器上，电容器的标注读识方法如图 3-18 所示。

直标法就是用数字或符号将电容器的有关参数（主要是标称容量和耐压）直接标示在电容器的外壳上，这种标注法常见于电解电容器和体积稍大的电容器上。

电容器上如果标注为"68μF 400V"，表示容量为 68μF，耐压为 400V。

有极性的电容器，通常在负极引脚端会有负极标识"−"，通常负极端颜色和其他地方不同。

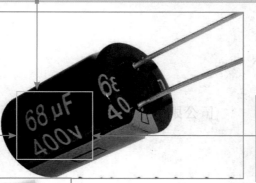

（a）直标法

107 表 示 $10 \times 10^7 =$ 100 000 000pF=100μF，16V 为耐压参数。

采用数字标注时常用三位数，前两位数表示有效数，第三位数表示倍乘率，单位为 pF。例如：101 表示 $10 \times 10^1 = 100$pF；104 表示 $10 \times 10^4 = 100\ 000$pF=0.1μF；223 表示 $22 \times 10^3 = 22\ 000$pF $= 0.022$μF。

如果数字后面跟字母，则字母表示电容器容量的误差，其误差值含义为：G 表示 $\pm 2\%$，J 表示 $\pm 5\%$，K 表示 $\pm 10\%$；M 表示 $\pm 20\%$；N 表示 $\pm 30\%$；P 表示 $+100\%$，$-0\%$；S 表示 $+50\%$，$-20\%$；Z 表示 $+80\%$，$-20\%$。

（b）数字标法

（c）偏差表示

图 3-18 读懂电容器的参数

### 3.2.4 读懂数字符号法标注的电容器

　　数字符号法是指将电容器的容量用数字和单位符号按一定规则进行标称的方法。具体方法是：容量的整数部分＋容量的单位符号＋容量的小数部分。容量的单位符号 F（法）、m（毫法）、μ（微法）、n（纳法）、P（皮法）。数字符号法标注电容器的方法如图 3-19 所示。

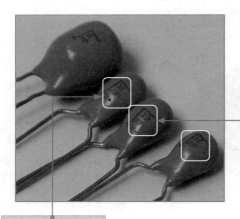

例如：18P 表示容量是 18 皮法、5P6 表示容量是 5.6 皮法、2n2 表示容量是 2.2 纳法（2200 皮法）、4m7 表示容量是 4.7 毫法（4700μF）。

10μ 表示容量为 10μF。

**图 3-19　数字符号法标注电容器**

### 3.2.5 读懂色标法标注的电容器

　　采用色标法标注的电容器又称色标电容器，即用色码表示电容器的标称容量。电容器色环识别的方法如图 3-20 所示。

色环顺序自上而下，沿着引线方向排列；分别是第一、二、三道色圈，第一、二颜色表示电容器的两位有效数字，第三颜色表示倍乘率，电容器的单位规定用 pF。

**图 3-20　电容器色环识别的方法**

如表 3-3 所示为色环颜色和表示数字的对照表。

表 3-3　色环的含义表

| 色环颜色 | 黑色 | 棕色 | 红色 | 橙色 | 黄色 | 绿色 | 蓝色 | 紫色 | 灰色 | 白色 |
|---|---|---|---|---|---|---|---|---|---|---|
| 表示数字 | 0 | 1 | 2 | 3 | 4 | 5 | 6 | 7 | 8 | 9 |

例如，色环的颜色分别为黄色、紫色、橙色，它的容量为 $47×10^3pF=47000pF$。

### 3.2.6　小容量固定电容器的检测方法

一般 0.01μF 以下固定电容器大多是瓷片电容器、薄膜电容器等。因电容器容量太小，用万用表进行检测，只能定性地检查其绝缘电阻，即有无漏电、内部短路或击穿现象，不能定量判定质量。检测时，先观察判断电容器是否有漏液、爆裂或烧毁的情况。

万用表检测 0.01μF 以下固定电容器的方法如图 3-21 所示。

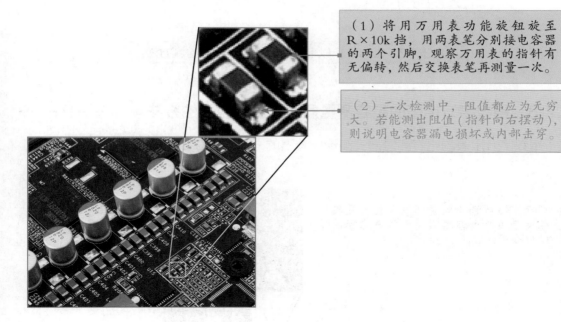

（1）将用万用表功能旋钮旋至 R×10k 挡，用两表笔分别接电容器的两个引脚，观察万用表的指针有无偏转，然后交换表笔再测量一次。

（2）二次检测中，阻值都应为无穷大。若能测出阻值（指针向右摆动），则说明电容器漏电损坏或内部击穿。

图 3-21　万用表检测 0.01μF 以下固定电容器的方法

### 3.2.7　大容量固定电容器的检测方法

0.01μF 以上容量固定电容器的检测方法如图 3-22 所示。

第3步：观察表针向右摆动后能否再回到无穷大位置，若不能回到无穷大位置，说明电容器有问题。

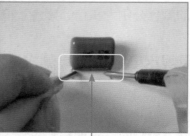

第1步：对于0.01μF以上的固定电容器，可用万用表的R×10k挡测试。

第2步：测试时，两表笔快速交换测量电容两个电极。

图3-22　0.01μF以上容量固定电容器的检测方法

### 3.2.8　用数字万用表的电容测量插孔测量电容器的方法

用数字万用表的电容测量插孔测量电容器的方法如图3-23所示。

第1步：将功能旋钮旋到电容挡，如果量程大于被测电容器容量，将电容器的两极短接放电。

（即扫即看）

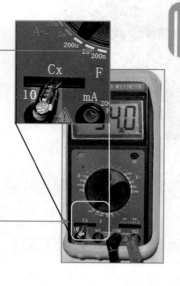

第2步：将电容器的两引脚分别插入电容器测试孔中，从显示屏上读出电容值。将读出的值与电容器的标称值比较，若相差太大，说明该电容器容量不足或性能不良，不能再使用。

图3-23　用数字万用表的电容测量插孔测量电容器的方法

### 3.2.9 电容器代换方法

电容器损坏后，原则上应使用与其类型相同、主要参数相同、外形尺寸相近的电容器来更换。但若找不到同类型电容器，也可用其他类型的电容器代换。

**1. 普通电容器代换方法**

普通电容器代换方法如图 3-24 所示。

普通电容器代换时，原则上应选用同型号，同规格电容器代换。如果选不到相同规格的电容器，可以选用容量基本相同，耐压参数相等或大于原电容器参数的电容器代换。特殊情况需要考虑电容器的温度系数。

玻璃釉电容器或云母电容器损坏后，可以用与其主要参数相同的陶瓷电容器代换。纸介电容器损坏后，可用与其主要参数相同但性能更优的有机薄膜电容器或低频陶瓷电容器代换。

图 3-24　普通电容器代换方法

**2. 电解电容器代换方法**

电解电容器代换方法如图 3-25 所示。

对于一般的电解电容器通常可以用耐压值较高，容量相同的电容器代换。用于信号耦合、旁路的铝电解电容器损坏后，也可用与其主要参数相同但性能更优的电解电容器代换。

图 3-25　电解电容器代换方法

 **3.3 电感器好坏检测方法**

电感器是一种能够把电能转化为磁能并储存起来的元器件，它主要的功能是阻止电流的变化。当电流从小到大变化时，电感器阻止电流的增大。当电流从大到小变化时，电感阻止电流减小；电感器常与电容器配合在一起工作，在电路中主要用于滤波（阻止交流干扰）、振荡（与电容器组成谐振电路）、波形变换等。

### 3.3.1　常用电感器有哪些

电路中常用的电感器如图 3-26 所示。

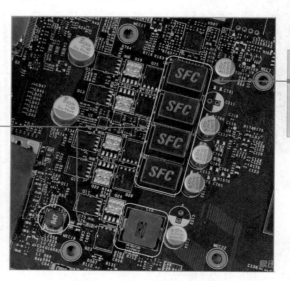

封闭式电感器是一种将线圈完全密封在一绝缘盒中制成的。这种电感器减少了外界对电感器的影响，性能更加稳定。

全封闭式超级铁素体（SFC），此电感可以依据当时的供电负载，来自动调节电力的负载。

图 3-26　电路中常用的电感器

磁环电感器的基本结构是在磁环上绕制线圈制成的。磁环的存在大大提高了线圈电感的稳定性，磁环的大小以及线圈的缠绕方式都会对电感器造成很大的影响。

磁棒电感器的基本结构是在线圈中安插一个磁棒制成的，磁棒可以在线圈内移动，用以调整电感器的大小。通常要将线圈做好调整后要用石蜡固封在磁棒上，以防止磁棒的滑动而影响电感器。

贴片电感器又称功率电感。它具有小型化、高品质、高能量储存和低电阻的特性。

半封闭电感器，防电磁干扰良好，在高频电流通过时不会发生异响，散热良好，可以提供大电流。

超薄贴片式铁氧体电感器，此电感器以锰锌铁氧体、镍锌铁氧体作为封装材料。散热性能、电磁屏蔽性能较好，封装厚度较薄。

图 3-26 电路中常用的电感器（续）

全封闭陶瓷电感器，此电感器以陶瓷封装，属于早期产品。

全封闭铁素体电感，此电感器以四氧化三铁混合物封装，相比陶瓷电感器而言具备更好的散热性能和电磁屏蔽性。

超合金电感是集中合金粉末压合而成的，具有铁氧体电感和磁圈的优点，可以实现无噪声工作，工作温度较低（35℃）。

图 3-26　电路中常用的电感器（续）

### 3.3.2　电感器的图形符号和文字符号

维修电路时，通常需要参考电气设备的电路原理图来查找问题，下面我们结合电路图来识别电路图中的电感器。电感器一般用"L"、"PL"等文字符号来表示。如表 3-4 所示为常见电感器的电路图形符号。图 3-27 为电路图中的电感器的符号。

表 3-4　常见电感器的电路图形符号

| 电感器 | 带铁芯电感器 | 共模电感器 | 磁环电感器 | 单层线圈电感器 |
| --- | --- | --- | --- | --- |
|  |  |  |  |  |

电感器，PL16 为其文字符号，下边的数字为参数。其中 1.5uH 为其电感量，10A 为其额定电流参数，L-F 为误差。

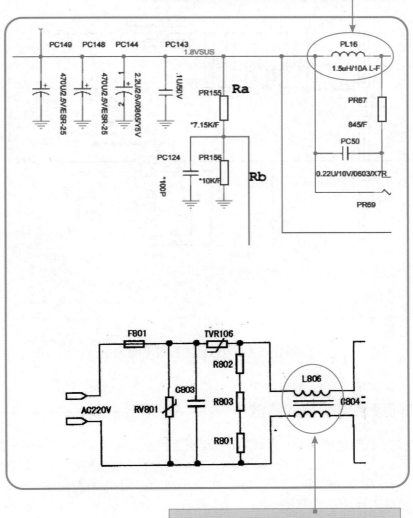

共模电感器 L806，其两个线圈绕在同一铁心上，匝数和相位都相同，用于过滤共模电感器的电磁干扰信号。

图 3-27　电感器的符号

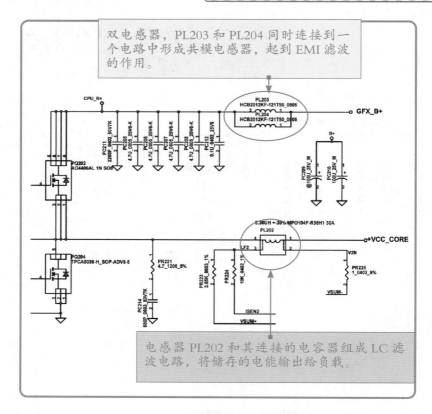

图 3-27　电感器的符号（续）

### 3.3.3　如何读懂电感器的参数

数字符号法是指将电感器的标称值和偏差值用数字和文字符号法按一定的规律组合标示在电感体上。采用文字符号法表示的电感器通常是一些小功率电感器，单位通常为 nH 或 pH。用 pH 做单位时，"R"表示小数点；用"nH"做单位时，"N"表示小数点。电感器的标注读识方法如图 3-28 所示。

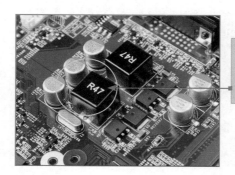

例如，R47 表示电感量为 0.47 pH，而 4R7 则表示电感量为 4.7 pH；10N 表示电感量为 10nH。

图 3-28　读懂电感器的参数

数字符号法标注的电感器，前两位数字表示有效数字，第三位数字表示倍乘率，如果有第四位数字，则表示误差值。这类电感器的电感量的单位一般都是微亨（μH）。例如 100，表示电感量为 $10 \times 10^0 = 10\,\mu H$。

图 3-28　读懂电感器的参数（续）

### 3.3.4　指针万用表测量电感器的方法

一般来说，电感器的线圈匝数不多，直流电阻很低，因此，用万用表电阻挡进行检查很实用。用指针万用表检测电感器的方法如图 3-29 所示。

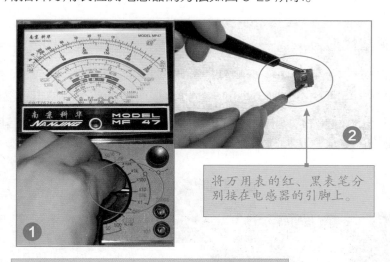

将万用表的红、黑表笔分别接在电感器的引脚上。

首先将指针万用表的挡位旋至欧姆挡的"R×10"挡，然后进行调零核正。

图 3-29　用指针万用表检测电感器的方法

如果电感器的阻值趋于 0 时，则表明电感器内部存在短路的故障；如果被测电感器的阻值趋于无穷大，选择最高阻值量程继续检测，阻值趋于无穷大，则表明被测电感器已损坏。

### 3.3.5　数字万用表测量电感器的方法

用数字万用表检测电感器时，将数字万用表调到二极管挡

（即扫即看）

（蜂鸣挡），然后把表笔放在两引脚上，观察万用表的读数。如图 3-30 所示。

对于贴片电感，此时的读数应为零，若万用表读数偏大或为无穷大，则表示电感器损坏。

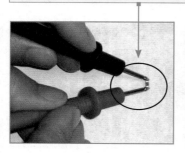 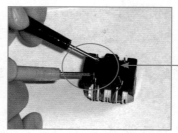

对于线圈匝数较多，线径较细的电感，测量读数会达到几十到几百欧姆，通常情况下线圈的直流电阻只有几欧姆。如果电感损坏，多表现为发烫。

图 3-30　数字万用表测量电感器的方法

## 3.3.6　电感器代换方法

电感器损坏后，原则上应使用与其性能类型相同、主要参数相同、外形尺寸相近的电感器来更换。但若找不到同类型的电感器，也可用其他类型的电感器代换。

代换电感器时，首先应考虑其性能参数（如电感量、额定电流、品质因数等）及外形尺寸是否符合要求。几种常用的电感器的代换方法如图 3-31 示。

对于贴片式小功率电感元件，由于其体积小、线径细、封装严密，一旦通过的电流过大，内部温度上升后热量不易散发。因此，出现断路或者匝间短路的概率比较大。代换时只要体积大小相同即可。

对于体积大、铜线粗的大功率储能电感，其损坏概率很小，如果要代换这种电感元件，必须要外表上印有的型号相同，对应的体积、匝数、线径都相同才能代换。

图 3-31　几种常用的电感器的代换方法

# 3.4 二极管好坏检测方法

二极管又称晶体二极管，它是最常用的电子元件之一。它最大的特性就是单向导电，在电路中，电流只能从二极管的正极流入，负极流出。利用二极管单向导电性，可以把方向交替变化的交流电变换成单一方向的脉冲直流电。另外，二极管在正向电压作用下电阻很小，处于导通状态，在反向电压作用下，电阻很大，处于截止状态，如同一只开关。利用二极管的开关特性，可以组成各种逻辑电路（如整流电路、检波电路、稳压电路等）。

## 3.4.1 常用二极管有哪些

电路中常用的二极管如图 3-32 所示。

发光二极管的内部结构为一个 PN 结，而且具有晶体管的通性。当发光二极管的 PN 结上加上正向电压时，会产生发光现象。

稳压二极管也称齐纳二极管，它是利用二极管反向击穿时两端电压不变的原理来实现稳压限幅、过载保护。

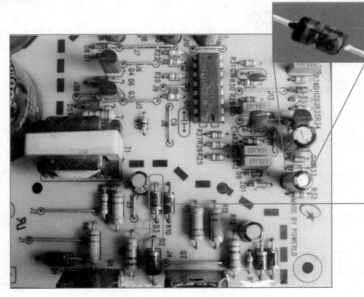

开关二极管是半导体二极管的一种，是为在电路上进行"开"、"关"而特殊设计制造的一类二极管。它由导通变为截止或由截止变为导通所需的时间比一般二极管短。

图 3-32 电路中常用的二极管

检波二极管的作用是利用其单向导电性将高频或中频无线电信号中的低频信号或音频信号分检出来的器件。

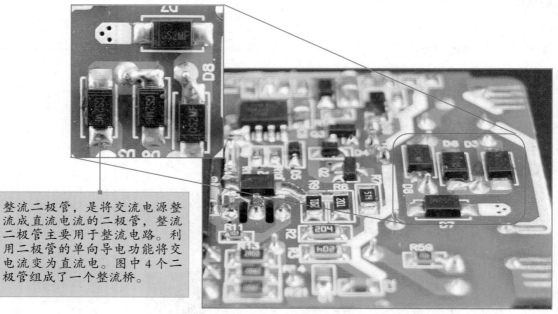

整流二极管，是将交流电源整流成直流电流的二极管，整流二极管主要用于整流电路。利用二极管的单向导电功能将交电流变为直流电。图中 4 个二极管组成了一个整流桥。

图 3-32　电路中常用的二极管（续）

## 3.4.2　二极管的图形符号和文字符号

维修电路时，通常需要参考电器设备的电路原理图来查找问题，下面结合电路图来识别电路图中的二极管。二极管一般用"D""VD""PD"等文字符号来表示。如表 3-5 所示为常见二极管的电路图形符号。图 3-33 所示为电路图中二极管的符号。

表 3-5　常见二极管的电路图形符号

| 普通二极管 | | 双向抑制二极管 | 稳压二极管 | 发光二极管 |
|---|---|---|---|---|
| ▷⊢ | | ▷◁ | ▷⊣ | ▷⊣ ⚡ |

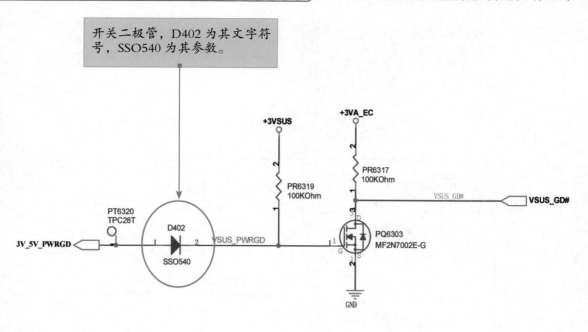

开关二极管，D402 为其文字符号，SSO540 为其参数。

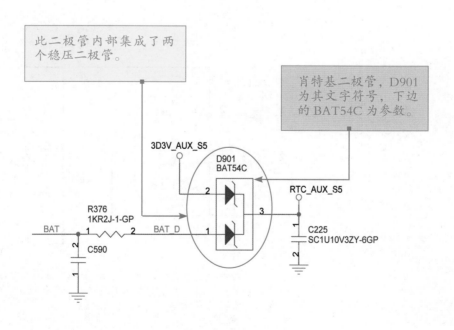

此二极管内部集成了两个稳压二极管。

肖特基二极管，D901 为其文字符号，下边的 BAT54C 为参数。

图 3-33　电路图中二极管的符号

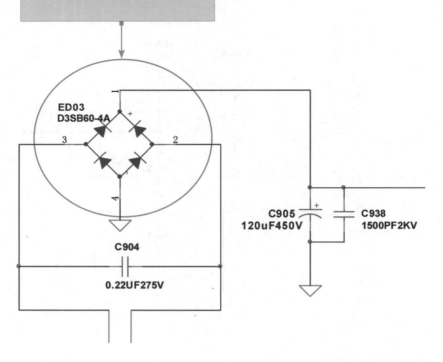

整流堆，ED03 为其文字符号，D3SB60-4A 为其参数，整流堆内部集成了 4 个整流二极管。

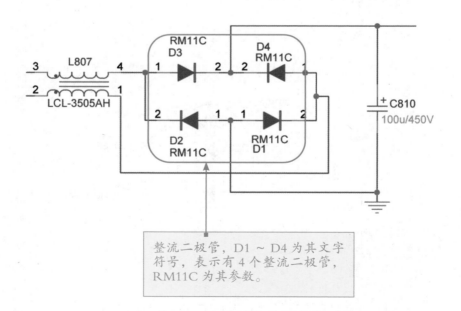

整流二极管，D1 ~ D4 为其文字符号，表示有 4 个整流二极管，RM11C 为其参数。

图3-33　电路图中二极管的符号（续）

### 3.4.3　用指针万用表检测二极管

　　二极管的检测要根据二极管的结构特点和特性作为理论依据。特别是二极管正向电阻小、反向电阻大这一特性。用指针万用表对二极管进行检测的方法如图 3-34 所示。

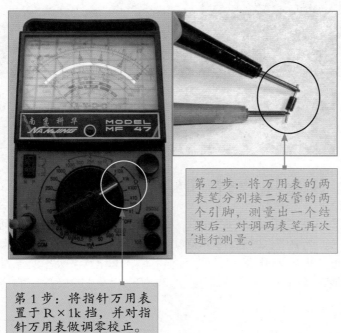

第 2 步：将万用表的两表笔分别接二极管的两个引脚，测量出一个结果后，对调两表笔再次进行测量。

第 1 步：将指针万用表置于 R×1k 挡，并对指针万用表做调零校正。

图 3-34　用指针万用表对二极管进行检测的方法

　　如果两次测量中，一次阻值较小，另一次阻值较大（或为无穷大），则说明二极管基本正常。阻值较小的一次测量结果是二极管的正向电阻值，阻值较大（或为无穷大）的一次为二极管的反向电阻值。且在阻值较小的那一次测量中，指针万用表黑表笔所接二极管的引脚为二极管的正极，红表笔所接引脚为二极管的负极。

　　如果测得二极管的正、反向电阻值都很小，则说明二极管内部已击穿短路或漏电损坏，需要替换新管。如果测得二极管的正、反向电阻值均为无穷大，则说明该二极管已开路损坏，需要替换新管。

### 3.4.4　用数字万用表二极管挡检测

　　用数字万用表对二极管进行检测的方法如图 3-35 所示。

第1步：将数字万用表的挡位调到二极管挡。

第2步：将万用表的红表笔接二极管的正极，黑表笔接负极测量正向电压。

**图3-35　用数字万用表对二极管进行检测的方法**

当被测二极管正向电压低于 0.7V 时，万用表会发出一声短促的响声；当二极管正向电压低于 0.1V 时，万用表会发出长鸣响声；如果万用表蜂鸣器不响，则可能二极管被开路；如果普通二极管发出长鸣，则可能是内部被击穿短路。普通二极管正向压降为 0.4~0.8V，肖特基二极管的正向压降在 0.3V 以下，稳压二极管正向压降有可能在 0.8V 以上。

# 3.5 三极管好坏检测方法

三极管全称为晶体三极管，具有电流放大作用，是电子电路的核心元件。三极管是一种控制电流的半导体器件，其作用是把微弱信号放大成幅度值较大的电信号。

三极管是在一块半导体基片上制作两个相距很近的 PN 结，两个 PN 结把整块半导体分成三部分，中间部分是基区，两侧部分是发射区和集电区，排列方式有 PNP 和 NPN 两种。

三极管按材料分有两种：锗管和硅管。而每一种又有 NPN 和 PNP 两种结构形式，但使用最多的是硅 NPN 和锗 PNP 三极管。

## 3.5.1　常用三极管有哪些

三极管是电路中最基本的元器件之一，在电路中被广泛使用，特别是放大电路中如图 3-36 所示为电路中常用的三极管。

PNP 型三极管，由两块 P 型半导体中间夹着一块 N 型半导体所组成的三极管，称为 PNP 型三极管。也可以描述成，电流从发射极 E 流入的三极管。

开关三极管，它的外形与普通三极管外形相同，它工作于截止区和饱和区，相当于电路的切断和导通。由于它具有完成断路和接通的作用，被广泛应用于各种开关电路中，如常用的开关电源电路、驱动电路、高频振荡电路、模数转换电路、脉冲电路及输出电路等。

贴片三极管的基本作用是放大，它可以把微弱的电信号放大到一定强度，当然这种转换仍然遵循能量守恒，它只是把电源的能量转换成信号的能量。

图 3-36　常用三极管

NPN 型三极管，由三块半导体构成，其中两块 N 型和一块 P 型半导体组成，P 型半导体在中间，两块 N 型半导体在两侧。三极管是电子电路中最重要的器件，它最主要的功能是电流放大和开关作用。

图 3-36  常用三极管（续）

## 3.5.2  三极管的图形符号和文字符号

维修电路时，通常需要参考电器设备的电路原理图来查找问题，下面我们结合电路图来识别电路图中的三极管。三极管一般用"Q"文字符号来表示，有的厂商电路图中用"V""QR""BG""PQ"等文字符号来表示。如表 3-6 所示为常见三极管的电路图形符号。图 3-37 为电路图中的三极管符号。

表 3-6  常见三极管的电路图形符号

| NPN型三极管 | PNP型三极管 |
| --- | --- |
|  |  |

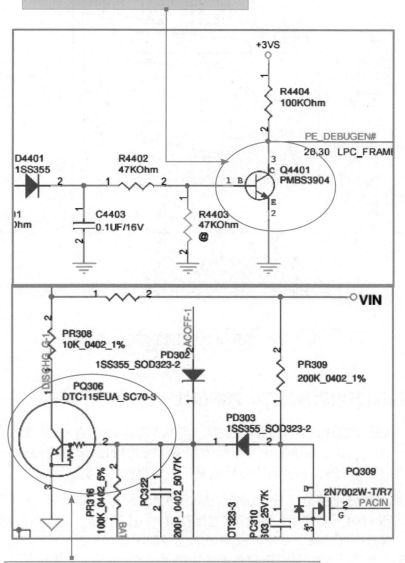

NPN 型三极管，Q4401 为其文字符号，PMBS3904 为其型号。通过型号可以查询到三极管的具体参数，如此型号三极管的集电极连续输出电流为 0.1A，集电极－基极反向击穿电压为 60V 等。

NPN 型数字三极管，PQ306 为其文字符号，DTC115EUA_SC70-3 为其型号。数字晶体三极管是带电阻的三极管，此三极管在基极上串联一只电阻，并在基极与发射极之间并联一只电阻。

图 3-37　电路图中三极管的符号

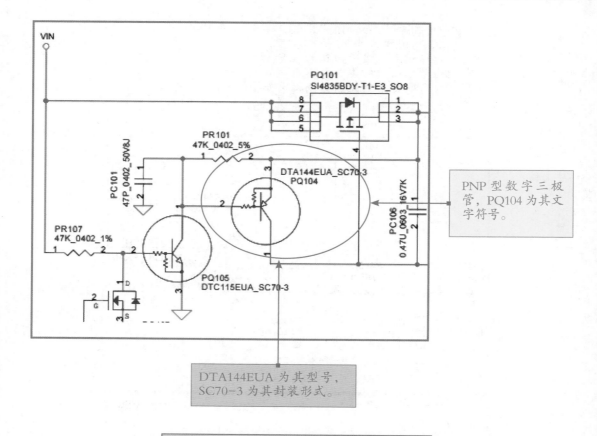

图 3-37 电路图中三极管的符号（续）

### 3.5.4 用指针万用表检测三极管的极性

将万用表调置欧姆挡的"R×100"挡。将黑表笔接在其中一只引脚上，用红表笔分别去接另外两只引脚。观察指针偏转，如果两次测得的指针偏转位置相近，证明该三极管为 NPN 型，且黑表笔接所的电极就是三极管基极（B 极）。

如果将黑表笔分别接这三只引脚均无法得出上述结果，如果该三极管是正常的，可以断定该三极管属于 PNP 型。将红表笔接在其中一只引脚上，用黑表笔分别去接另外两只引脚。观察指针偏转，如果两次测得的指针偏转位置相近，证明该三极管为 PNP 型，且红表笔接所的电极就是三极管基极（B 极）。

接下来通过万用表"R×10k"挡判定三极管的集电极与发射极。首先对 NPN 型三极管进行检测。将红、黑表笔分别接在基极之外的两只引脚上，同时将基极引脚与黑表笔相接触，记录指针偏转。交换两表笔再重测一次，并记录指针偏转。对比这两次的测量结果，指针偏转大的那次，红表笔所接的是三极管发射极，黑表笔所接的是三极管集电极。

对于 PNP 型三极管，将红、黑表笔分别接在基极之外的两只引脚上，同时将基极引脚与红表笔相接触，记录指针偏转。交换两表笔再重测一次，并记录指针偏转。对比这两次的测量结果，指针偏转大的那次，红表笔所接的是三极管集电极，黑表笔所接的是三极管发射极。

（即扫即看）

## 3.5.5　三极管检测方法

通过测量三极管各引脚电阻值来检测三极管好坏，如图 3-38 所示。

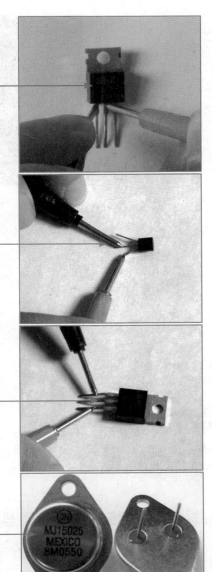

利用三极管内 PN 结的单向导电性，检查各极间 PN 结的正、反向电阻值，如果相差较大说明管子是好的；如果正、反向电阻值都大，说明管子内部有断路或者 PN 结性能不好。如果正、反向电阻值都小，说明管子极间短路或者击穿了。

测量 PNP 小功率锗管时，用万用表 R×100 挡红表笔接集电极，黑表笔接发射极，相当于测量三极管集电结承受反向电压时的阻值，高频管读数应在 50kΩ 以上，低频管读数应在几千欧姆到几十千欧姆范围内，测量 NPN 锗管时，表笔极性相反。

测量 NPN 小功率硅管时，用万用表 R×1k 挡，黑表笔接集电极，红表笔接发射极，由于硅管的穿透电流很小，阻值应在几百千欧姆以上，一般表针不动或者微动。

测量大功率三极管时，由于 PN 结大，一般穿透电流值较大，用万用表 R×10 挡测量集电极与发射极间反向电阻，应在几百欧姆以上。

图 3-38　测量各种三极管的阻值

诊断方法：如果测得的阻值偏小，说明三极管穿透电流过大。如果测试过程中表针缓缓向低阻方向摆动，说明三极管工作不稳定。如果用手捏管壳，阻值减小很多，说明管子热稳定性很差。

### 3.5.6 三极管代换方法

三极管的代换方法如图 3-39 所示。

当三极管损坏后，最好选用同类型（材料相同、极性相同）、同特性（参数值和特性曲线相近）、同外形的三极管替换。如果没有同型号的三极管，则应选用耗散功率、最大集电极电流、最高反向电压、频率特性、电流放大系数等参数相同的三极管代换。

图 3-39　三极管的代换方法

## 3.6　场效应晶体管好坏检测方法

场效应晶体管简称场效应管，是一种用电压控制电流大小的器件，是利用控制输入回路的电场效应来控制输出回路电流的半导体器件，带有 PN 结。

### 3.6.1 常用的场效应管有哪些

目前场效应管的品种很多，但可划分为两大类，一类是结型场效应管（JFET），另一类是绝缘栅型场效应管（MOS 管）。按沟道材料型和绝缘栅型各分 N 沟道和 P 沟道两种；按导电方式分为耗尽型与增强型，结型场效应管均为耗尽型，绝缘栅型场效应管既有耗尽型，也有增强型，如图 3-40 所示。

结型场效应管是在一块 N 型（或 P 型）半导体棒两侧各做一个 P 型区（或 N 型区），就形成两个 PN 结。把两个 P 区（或 N 区）并联在一起，引出一个电极，称为栅极（G），在 N 型（或 P 型）半导体棒的两端各引出一个电极，分别称为源极（S）和漏极（D）。夹在两个 PN 结中间的 N 区（或 P 区）是电流的通道，称为沟道。这种结构的管子称为 N 沟道（或 P 沟道）结型场效应管。

绝缘栅型场效应管是以一块 P 型薄硅片作为衬底，在它上面做两个高杂质的 N 型区，分别作为源极 S 和漏极 D。在硅片表覆盖一层绝缘物，然后再用金属铝引出一个电极 G（栅极）。这就是绝缘栅场效应管的基本结构。

图 3-40　场效应管的种类

## 3.6.2　场效应管的图形符号和文字符号

　　维修电路时，通常需要参考电气设备的电路原理图来查找问题，下面结合电路图来识别电路图中的场效应管。场效应管一般用"Q""U""PQ"等文字符号来表示。如表 3-7 所示为常见场效应管的电路图形符号。图 3-41 为电路图中的场效应管。

表 3-7　常见场效应管的电路图形符号

| 增强型N沟道管 | 耗尽型N沟道管 | 增强型P沟道管 | 耗尽型P沟道管 |
|---|---|---|---|
| D G S | D G S | D G S | D G S |

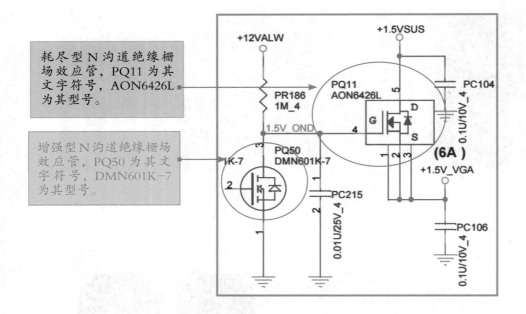

耗尽型 N 沟道绝缘栅场效应管，PQ11 为其文字符号，AON6426L 为其型号。

增强型 N 沟道绝缘栅场效应管，PQ50 为其文字符号，DMN601K-7 为其型号。

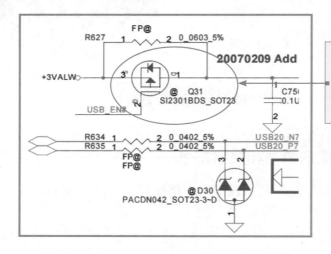

耗尽型 P 沟道场效应管，Q31 为其文字符号，SI2301BDS 为其型号，SOT23 为封装形式。

图 3-41　电路图中的场效应管

## 3.6.3　用数字万用表检测场效应管的方法

用数字万用表检测场效应管的方法如图 3-42 所示。

（即扫即看）

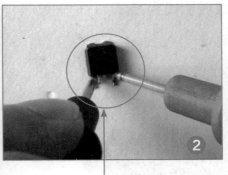

将数字万用表拨到二极
管挡（蜂鸣挡）。

将场效应管的三只引脚短接放电。
最后用两只表笔分别接触场效应管
三只引脚中的两只，测量三组数据。

图 3-42　用数字万用表检测场效应管的方法

如果其中两组数据为 1，另一组数据为 300~800，说明场效应管正常；如果其中有
一组数据为 0，则场效应管被击穿。

## 3.6.4　用指针万用表检测场效应管的方法

用指针万用表检测场效应管的方法如图 3-43 所示。

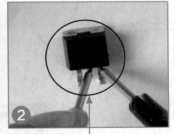

测量场效应管的好坏也可
以使用万用表的"R×1k"
挡。测量前同样须将三只
引脚短接放电，以避免测
量中发生误差。

用万用表的两表笔任意接触
场效应管的两只引脚，好
的场效应管测量结果应只
有一次有读数，并且值为
4 ~ 8kΩ，其他均为无穷大。

图 3-43　用指针万用表检测场效应管的方法

如果在最终测量结果中测得只有一次有读数，并且为"0"时，须短接该组引脚重
新测量；如果重测后阻值为 4 ~ 8kΩ，则说明场效应管正常；如果有一组数据为 0，说
明场效应管已经被击穿。

### 3.6.5 场效应管代换方法

场效应管的代换方法如图 3-44 所示。

场效应管损坏后，最好用同类型、同特性、同外形的场效应管更换。如果没有同型号的场效应管，则可以采用其他型号的场效应管代换。一般 N 沟道的与 N 沟道的场效应管代换，P 沟道的与 P 沟道的场效应管进行代换。功率大的可以代换功率小的场效应管。小功率场效应管代换时，应考虑其输入阻抗、低频跨导、夹断电压或开启电压、击穿电压等参数；大功率场效应管代换时，应考虑击穿电压（应为功放工作电压的 2 倍以上）、耗散功率（应达到放大器输出功率的 0.5~1 倍）、漏极电流等参数。

图 3-44 场效应管的代换方法

## 3.7 变压器好坏检测方法

变压器是利用电磁感应的原理来改变交流电压的装置，它可以把一种电压的交流电能转换成相同频率的另一种电压的交流电，变压器主要由初级线圈、次级线圈和铁芯（磁芯）组成。生活中变压器无处不在，大到工业用电、生活用电等的电力设备，小到手机、各种家电、计算机等的供电电源都会用到变压器。

### 3.7.1 常用变压器有哪些

变压器是电路中常见的元器件之一，在电源电路中被广泛的使用。如图 3-45 所示为电路中的变压器。

电源变压器是小型电气设备的电源中常用的元器件之一，它可以实现功率传送、电压变换和绝缘隔离。当一交流电流流于其中之一组线圈时，于另一组线圈中将感应出具有相同频率的交流电压。

图 3-45 电路中的变压器

升压变压器，用来把低数值的交变电压变换为同频率的另一较高数值交变电压的变压器。其在高频领域应用较广，如逆变电源等。

比较器供电电压不正常，比较器损坏、RS-485接口芯片损坏、电阻、电容器等损坏后，会导致模拟信号端子不正常。重点检查这些元器件的供电电压及元器件本身是否正常。

图 3-45　电路中的变压器（续）

## 3.7.2　变压器的图形符号和文字符号

维修电路时，通常需要参考电器设备的电路原理图来查找问题，下面结合电路图来识别电路图中的变压器。变压器一般用"T""TR"等文字符号来表示。如表 3-8 所示为常见变压器的电路图形符号。图 3-46 为电路图中的变压器。

表 3-8　常见变压器的电路图形符号

| 单二次绕组变压器 | 多次绕组变压器 | 二次绕组带中心轴头变压器 |
| --- | --- | --- |
|  |  |  |

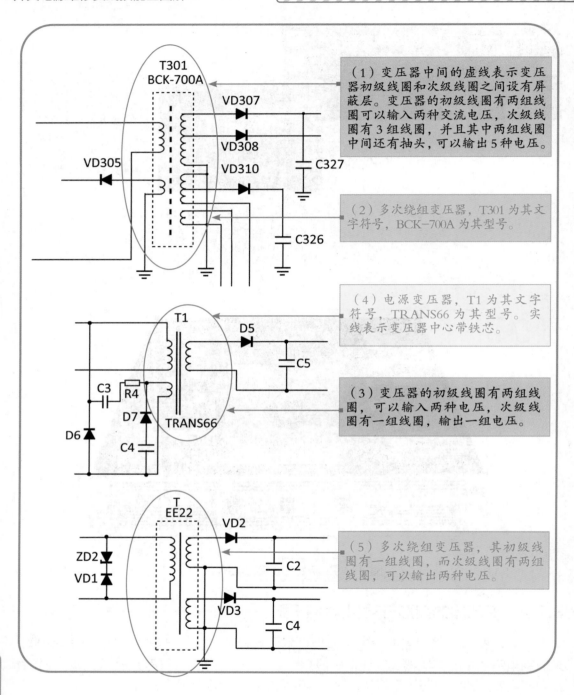

（1）变压器中间的虚线表示变压器初级线圈和次级线圈之间设有屏蔽层。变压器的初级线圈有两组线圈可以输入两种交流电压，次级线圈有3组线圈，并且其中两组线圈中间还有抽头，可以输出5种电压。

（2）多次绕组变压器，T301为其文字符号，BCK-700A为其型号。

（4）电源变压器，T1为其文字符号，TRANS66为其型号。实线表示变压器中心带铁芯。

（3）变压器的初级线圈有两组线圈，可以输入两种电压，次级线圈有一组线圈，输出一组电压。

（5）多次绕组变压器，其初级线圈有一组线圈，而次级线圈有两组线圈，可以输出两种电压。

图 3-46　电路图中的变压器

### 3.7.3　通过观察外貌来检测变压器

通过观察外貌来检测变压器的方法如图 3-47 所示。

（1）首先要检查变压器外表是否有破损，观察线圈引线是否断裂，脱焊，绝缘材料是否有烧焦痕迹，铁芯紧固螺杆是否有松动，硅钢片有无锈蚀，绕组线圈是否有外露等。如果有这些现象，说明变压器有故障。

（2）在空载加电后几十秒内用手触摸变压器的雾铁芯，如果有烫手的感觉，则说明变压器有短路点存在。

图 3-47　通过观察外貌来检测变压器的方法

### 3.7.4　通过测量绝缘性检测变压器

通过测量绝缘性检测变压器的方法如图 3-48 所示。

变压器的绝缘性测试是判断变压器好坏的一种方法。测试绝缘性时，将指针万用表的挡位调到 R×10k 挡。然后分别测量铁芯与初级，初级与各次级、铁芯与各次级、静电屏蔽层与初次级、次级各绕组间的电阻值。如果万用表指针均指在无穷大位置不动，说明变压器正常。否则，说明变压器绝缘性能不良。

图 3-48　通过测量绝缘性检测变压器的方法

### 3.7.5　通过检测线圈通/断检测变压器

通过检测线圈通/断检测变压器的方法如图 3-49 所示。

如果变压器内部线圈发生断路，变压器就会损坏。检测时，将指针万用表调到 R×1 挡进行测试。如果测量某个绕组的电阻值为无穷大，则说明此绕组有断路性故障。

图 3-49　通过检测线圈通 / 断检测变压器的方法

### 3.7.6　电源变压器的代换方法

电源变压器的代换方法如图 3-50 所示。

电源变压器损坏后，可以选用铁芯材料、输出功率、输出电压相同的电源变压器代换。在选择电源变压器时，要与负载电路相匹配，电源变压器应留有功率余量，输出电压应与负载电路供电部分的交流输入电压相同。

对于一般电源电路，可选用"E"型铁芯电源变压器。对于高保真音频功率放大器的电源电路，则应选用"C"型变压器或环形变压器。

图 3-50　电源变压器的代换方法

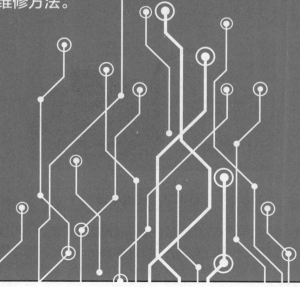

# 第 4 章

# AC/DC 开关电源电路
# 故障分析与检测实战

AC/DC 是开关电源的其中一类，它是交流 – 直流变化电路，经过高压整流与滤波电路整流滤波后得到一个直流高压，供 DC/DC 变换器在输出端获得一个或几个稳定的直流电压。接下来重点讲解 AC/DC 开关电源的电路结构、工作原理与维修方法。

# 4.1 线性电源与开关电源

目前，线性电源和开关电源是比较常见的两种电源，在原理上有很大的不同，也决定了两者应用上的不同。

## 4.1.1 线性电源

线性电源是先将交流电经过变压器降低电压幅值，再经过整流电路整流后，得到脉冲直流电，后经滤波得到带有微小波纹电压的直流电压。要达到高精度的直流电压，必须经过稳压电路进行稳压，如图 4-1 所示。

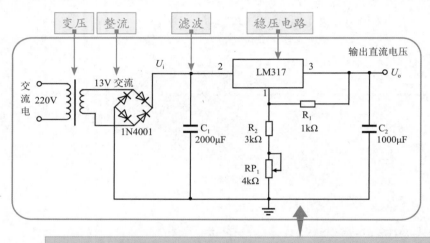

线性电源将输出电压取样，然后与参考电压送入比较电压放大器，比较电压放大器的输出作为电压调整管的输入，用以控制调整管使其结电压随输入的变化而变化，从而调整其输出电压。

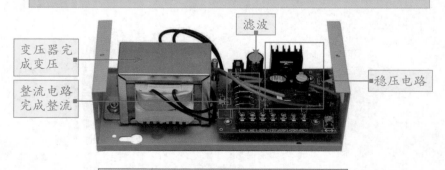

图 4-1　线性电源

线性电源的特点：线性电源技术很成熟，制作成本较低，可以达到很高的稳定度，波纹较小，自身的干扰和噪声都比较小。但整体体积较大，效率偏低，且输入电压范围要求高。

## 4.1.2　开关电源

　　什么是开关电源？开关电源是用半导体开关管作为开关，通过控制开关管开通和关断的时间比率，维持稳定输出电压的一种电源。开关电源又分为 AC/DC（交流转直流）和 DC/DC（直流转直流）开关电源。

　　AC/DC 开关电源工作时，交流电压经整流电路及滤波电路整流滤波后，变成含有一定脉冲成分的直流电压，该直流电压进入高频变换器被转换成低压直流电压，最后这个直流电压再经过整流滤波电路变为所需要的直流电压，如图 4-2 所示。

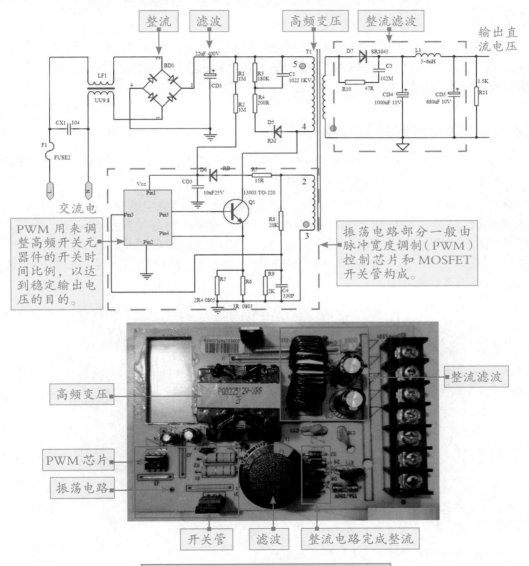

图 4-2　开关电源电路

　　开关电源的三个特点如下：

　　（1）开关：电力电子器件工作在开关状态而不是线性状态。

（2）高频：电力电子器件工作在高频而不是接近工频的低频。

（3）直流：开关电源输出的是直流而不是交流，也可以输出高频交流，如电子变压器。

开关电源的优缺点：开关电源工作在高频状态，整体体积较小，效率较高，结构简单，成本低。但是输出纹波较线性电源要大，是目前的主流供电电源。

 **开关电源电路常见拓扑结构原理**

电路拓扑是指电路的连接关系，或组成电路的各个电子元件相互之间的连接关系，即电路的组成架构。开关电源电路也有很多拓扑结构，其中最基本的拓扑是单端反激式、单端正激式、自激式、推挽式、半桥式、全桥式等。

### 4.2.1 单端反激式开关电源

所谓单端是指只有一个脉冲调制信号功率管（开关管）；所谓反激，是指当开关管 Q 截止时，变压器次级输出电压的电路结构。

如图 4-3 所示，当开关管 Q 导通时，高频变压器 T 初级绕组的感应电压为上正下负，整流二极管 VD 处于截止状态，在初级绕组中储存能量；当开关管 Q 截止时，变压器 T 初级绕组中储存的能量，通过次级绕组及 VD 整流和电容器 C 滤波后向负载输出。由于开关频率高达 100kHz，使得高频变压器能够快速储存、释放能量，经高频整流滤波后即可获得直流连续输出。

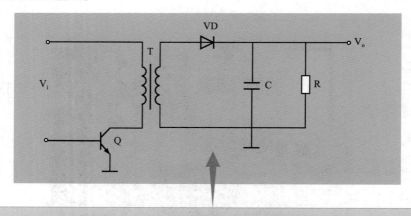

（1）当开关管 Q 导通时，高频变压器 T 初级绕组的感应电压为上正下负，整流二极管 VD 处于截止状态，在开关变压器 T 中储存能量。
（2）当开关管 Q 截止时，变压器 T 初级绕组中储存的能量，通过次级绕组及 VD 整流和电容器 C 滤波后向负载输出。
（3）单端反激式开关电源是一种成本最低的电源电路，输出功率为 20~100 W，可以同时输出不同的电压，且有较好的电压调整率。唯一的缺点是：输出的纹波电压较大，外特性差，适用于相对固定的负载。

图 4-3 单端反激式电路

## 4.2.2　单端正激式开关电源

　　所谓正激是指当开关管 Q 导通时，变压器次级输出电压。如图 4-4 所示，当变压器初级侧开关管 Q 导通时，输出端整流二极管 VD2 也导通，输入电源向负载传送能量，电感器 L 储存能量；当开关管 Q 截止时，电感器 L 通过续流二极管 VD3 继续向负载释放能量。单端正激电路可输出 50~200 W 的功率，但电路使用的变压器结构复杂，体积也较大，因此这种电路的实际应用较少。

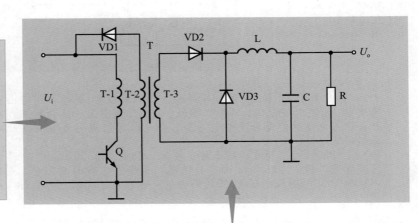

（1）单端正激式电路中，变压器 T 起隔离和变压作用，在输出端加一个电感器 L（续流电感），起能量储存及传递作用。变压器初级需有复位绕组 T-2。输出回路中需有一个整流二极管 VD2 和一个续流二极管 VD3。

（2）当开关管 Q 导通时，输入电压 $U_i$ 全部加到变压器 T 初级线圈 T-1 两端产生上正下负感应电压，去磁线圈 T-2 上产生的上负下正感应电压使二极管 VD1 截止，而次级线圈 T-3 上感应的上正下负电压使 VD2 导通，并将输入电流的能量传送给电感器 L 和电容器 C 及负载 R。与此同时在变压器 T 中建立起磁化电流。

（3）当开关管 Q 截止时，二极管 VD2 截止，电感器 L 上的电压极性反转并通过续流二极管 VD3 继续向负载供电，变压器 T 中的磁化电流则通过 T-1、二极管 VD1 向输入电压 $U_i$ 释放而去磁；T-2 具有钳位作用，其上的电压等于输入电压 $U_i$，在开关管 Q 再次导通之前，变压器 T 中的去磁电流必须释放到零，即 T 中的磁通必须复位，否则，变压器 T 将发生饱和导至开关管 Q 损坏。

图 4-4　单端正激式电路

## 4.2.3　双端正激式开关电源

　　双端正激式开关管电源的特点是两个开关管同时导通和关闭，这种结构的开关电源在大功率开关电源中应用比较广泛，如图 4-5 所示。

## 4.2.4　自激式开关电源

　　自激式开关稳压电源是一种利用间歇振荡电路组成的开关电源，也是目前广泛使用的基本电源之一，如图 4-6 所示。

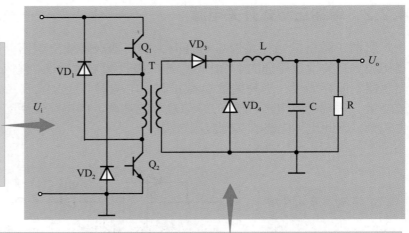

（1）双端正激式电路中，变压器T起隔离和变压作用，在输出端加一个电感器L（续流电感），起能量储存及传递作用。输出回路中需有一个整流二极管VD₃和一个续流二极管VD₄。

（2）当开关管Q₁和Q₂同时导通时，输入电压U₁全部加到变压器T初级线圈上产生的感应电压，使二极管VD₁和VD₂截止，而次级线圈上感应的电压，使整流二极管VD₃导通，并将输入电流的能量传送给电感器L和电容器C及负载R。与此同时，在变压器T中建立起磁化电流。

（3）当开关管Q₁和Q₂截止时，整流二极管VD₃截止，电感器L上的电压极性反转并通过续流二极管VD₄继续向负载供电。变压器T中的磁化电流则通过初级线圈、二极管VD₁和VD₂向输入电压U₁释放而去磁；这样在下次两个开关管导通时不会损坏开关管。

图4-5　双端正激式开关电源

（1）当接入电源后R₁给开关管Q提供启动电流，使开关管Q开始导通，其集电极电流I_c在变压器T的L₁线圈中线性增长，在线圈L2中感应出使开关管Q基极为正、发射极为负的正反馈电压，使开关管Q很快饱和。与此同时，感应电压给电容器C₁充电，随着电容器C₁充电电压的增高，开关管Q基极电位逐渐变低，致使Q退出饱和区，I_c开始减小，在变压器的L₂线圈中感应出使开关管Q基极为负、发射极为正的电压，使Q迅速截止，这时二极管VD导通，高频变压器T初级绕组中的储能释放给负载。

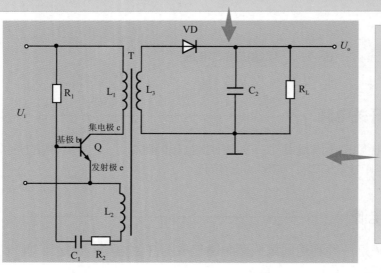

（2）在开关管Q截止时，变压器L₂线圈中没有感应电压，直流供电输入电压又经电阻器R₁给电容器C₁反向充电，逐渐提高Q基极电位，使其重新导通，再次翻转达到饱和状态，电路就这样重复振荡下去。这里就像单端反激式开关电源那样，由变压器T的次级绕组向负载输出所需的电压。

图4-6　自激式开关电路

自激式开关电源中的开关管起着开关及振荡的双重作用，也省去了控制电路。电路中由于负载位于变压器的次级且工作在反激状态，具有输入和输出相互隔离的优点。这种电路不仅适用于大功率电源，亦适用于小功率电源。

## 4.2.5 推挽式开关电源

推挽电路的主要作用是增强驱动能力，为外部设备提供大电流。推挽电路是由两个不同极性晶体管连接的输出电路。推挽电路采用两个参数相同的晶体管或场效应管，以推挽方式存在于电路中，各负责正负半周的波形放大任务。电路工作时，两只对称的功率开关管每次只有一个导通，这样交替导通，在变压器 T 两端分别形成相位相反的交流电压，改变占空比就可以改变输出电压，如图 4-7 所示。

> （1）当开关管 $Q_1$ 导通、$Q_2$ 截止时，电流从 $U_i$ 正极流过变压器 T 初级线圈 $N_{p1}$、开关管 $Q_1$ 形成回路。此时在变压器 T 的次级线圈 $N_{s1}$ 感应出电流，电流经过二极管 $VD_1$、电感器 L 为电容器 C 充电，电能储存在电感器 L 的同时也为外接负载 R 提供电能。
> （2）当开关管 $Q_1$ 截止、$Q_2$ 仍未导通时，两管同时处于关断状态。整流二极管 $VD_1$ 中电流逐渐减小，$VD_2$ 中电流逐渐增大，直到两管中电流相等（忽略变压器励磁电流），此时电容器 C 对负载 R 放电，为其提供电能。

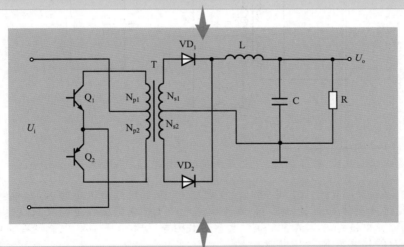

> （3）当开关管 $Q_1$ 截止、$Q_2$ 导通时，电流从 $U_i$ 正极流过变压器 T 初级线圈 $N_{p2}$、开关管 $Q_2$ 形成回路。此时在变压器 T 的次级线圈 $N_{s2}$ 感应出电流，电流经过二极管 $VD_2$、电感器 L 为电容器 C 充电，电能储存在电感器 L 的同时也为外接负载 R 提供电能。
> （4）当开关管 $Q_1$ 仍未导通、$Q_2$ 截止时，两管同时处于关断状态。整流二极管 $VD_2$ 中电流逐渐减小，$VD_1$ 中电流逐渐增大，直到两管中电流相等（忽略变压器励磁电流），此时电容器 C 对负载 R 放电，为其提供电能。
> （5）如果 $Q_1$ 和 $Q_2$ 同时导通，就相当于变压器一次绕组短路，因此应避免两个开关管同时导通，每个开关管各自的占空比应不超过 50%，所以要保留有一定的死区，防止两管同时导通。推挽变换器通常用于中小功率场合，一般使用的功率范围为几百瓦到几千瓦。

图 4-7　推挽式电路

## 4.2.6　半桥式开关电源

半桥电路由两个功率开关器件组成，它们以图腾柱的形式连接在一起，并进行输出。如图 4-8 所示为半桥式开关电路原理图。

（1）电容器 $C_1$ 和 $C_2$ 与开关管 $Q_1$、$Q_2$ 组成桥，桥的对角线接变压器 T 的初级绕组 $N_p$，故称半桥电路。如果此时电容器 $C_1=C_2$，那么当某一开关管导通时，变压器初级绕组上的电压只有电源电压的一半，即 $U_i/2$。

（2）当开关管 $Q_1$ 导通时，电容器 $C_1$ 通过 $Q_1$ 向变压器初级绕组 $N_p$ 放电，同时电容器 $C_2$ 通过 $Q_1$、变压器 $N_p$ 绕组被电源 $U_i$ 充电。此时在变压器 T 的次级线圈 $N_{s1}$、$N_{s2}$ 感应出电流，电流经过二极管 $VD_1$、电感器 L 为电容器 $C_3$ 充电，电能储存在电感器 L 的同时也为外接负载 R 提供电能。

（3）当开关管 $Q_1$ 截止、$Q_2$ 仍未导通时，两管同时处于关断状态。整流二极管 $VD_1$ 中电流逐渐减小，$VD_2$ 中电流逐渐增大，直到两管中电流相等（忽略变压器励磁电流），此时电容器 $C_3$ 对负载 R 放电，为其提供电能。

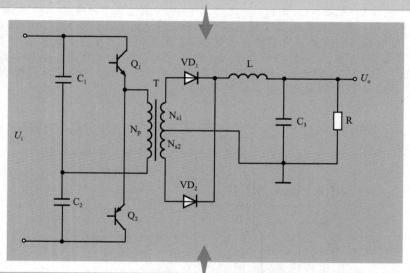

（4）当开关管 $Q_1$ 截止，$Q_2$ 导通时，电容器 $C_2$ 向变压器初级绕组 $N_p$ 放电，同时电容器 $C_1$ 通过开关管 $Q_2$、变压器 $N_p$ 绕组被充电。此时在变压器 T 的次级线圈 $N_{s1}$、$N_{s2}$ 感应出电流，电流经过二极管 $VD_2$、电感器 L 为电容器 $C_3$ 充电，电能储存在电感器 L 的同时也为外接负载 R 提供电能。

（5）当开关管 $Q_1$ 仍未导通、$Q_2$ 截止时，两管同时处于关断状态。整流二极管 $VD_2$ 中电流逐渐减小，$VD_1$ 中电流逐渐增大，直到两管中电流相等（忽略变压器励磁电流），此时电容器 $C_3$ 对负载 R 放电，为其提供电能。

图 4-8　半桥式开关电路原理图

## 4.2.7　全桥式开关电源

全桥电路也称 H 桥电路，由 4 个三极管或 MOS 管连接而成。然后这 4 个开关管两个一组同时导通，且两组轮流交错导通的电路，如图 4-9 所示。

（1）当开关管 $Q_1$ 和 $Q_4$ 导通，开关管 $Q_2$ 和 $Q_3$ 截止时，输入电压 $U_i$ 经过开关管 $Q_1$、变压器初级线圈 $N_p$、开关管 $Q_4$ 回到电源负极。此时在变压器 T 的次级线圈 $N_{s1}$、$N_{s2}$ 感应出电流，电流经过二极管 $VD_1$、电感器 L 为电容器 C 充电，电能储存在电感器 L 的同时也为外接负载 R 提供电能。

（2）当开关管 $Q_1$ 和 $Q_4$ 截止，开关管 $Q_2$ 和 $Q_3$ 未导通时，4 个管同时处于关断状态。整流二极管 $VD_1$ 中电流逐渐减小，$VD_2$ 中电流逐渐增大，直到两管中电流相等（忽略变压器励磁电流），此时电容器 C 对负载 R 放电，为其提供电能。

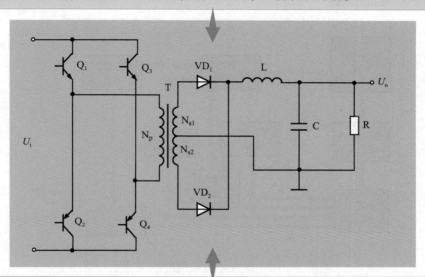

（3）当开关管 $Q_1$ 和 $Q_4$ 截止，开关管 $Q_2$ 和 $Q_3$ 导通时，输入电压 $U_i$ 经过开关管 $Q_3$、变压器初级线圈 $N_p$、开关管 $Q_2$ 回到电源负极。此时在变压器 T 的次级线圈 $N_{s1}$、$N_{s2}$ 感应出电流，电流经过二极管 $VD_2$、电感器 L 为电容器 C 充电，电能储存在电感器 L 的同时也为外接负载 R 提供电能。

（4）当开关管 $Q_1$ 和 $Q_4$ 未导通，开关管 $Q_2$ 和 $Q_3$ 截止时，4 个管同时处于关断状态。整流二极管 $VD_2$ 中电流逐渐减小，$VD_1$ 中电流逐渐增大，直到两管中电流相等（忽略变压器励磁电流），此时电容器 C 对负载 R 放电，为其提供电能。

图 4-9　全桥式开关电路

 **4.3** **看图识 AC/DC 开关电源的电路**

　　前面我们了解了开关电源的拓扑结构，接下来在学习开关电源的工作原理前，先来学习开关电源的组成结构。

### 4.3.1　看图说话：开关电源的电路组成

　　开关电源电路主要由输入电磁干扰滤波器（EMI）电路、桥式整流滤波电路、功率变换电路、PFC 电路、PWM 控制电路、输出端整流滤波电路、辅助电路等组成。辅助电路有：稳压控制电路、输出过欠电压保护电路、输出过电流保护电路、输出短路保护电路等。

开关电源的电路组成框图如图 4-10 所示。

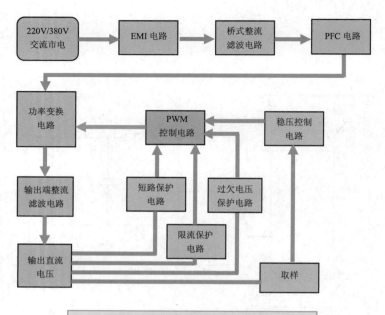

图 4-10　开关电源电路的组成框图

## 4.3.2　看图说话：开关电源内部揭秘

当你第一次打开一台开关电源后（确保电源线没有和市电连接，否则会被电到），或一台电气设备的电路盖板后，一般你都会看到开关电源部分的电路。这些电路有个明显的特征，就是电路上有一个大大的变压器，还有一些大个的电容器或散热片，如图 4-11 所示。

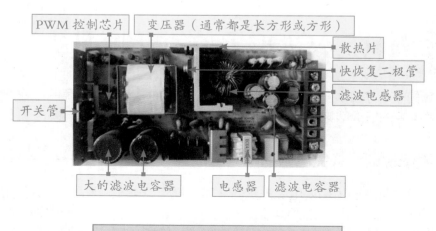

图 4-11　开关电源电路

开关电源电路中的基本元器件包括整流二极管（或整流堆）、滤波电容器、开关管、PWM 控制器、开关变压器、光电耦合器、电感器、电容器等，如图 4-12 所示。

整流二极管的作用是由 4 只整流二极管组成整流电路，将 220V 交流电压整流输出约为 +310V 的直流电压。

桥式整流堆的主要作用是将 220V 交流电压整流输出约为 +310V 的直流电压。桥式整流堆的内部由 4 只二极管构成。

开关管的型号

电容器上的标注为电容器的耐压值和容量。

滤波电容器主要用于对桥式整流堆送来的 310V 直流电压进行滤波。

开关管的作用是将直流电流变成脉冲电流。

PWM 控制器是开关电源的核心，它能产生频率固定而脉冲宽度可调的驱动信号，控制开关管的通 / 断状态，从而调节输出电压的高低，达到稳压的目的。另外，它还监控输出电压、电流的变化，根据保护电路的反馈电压、电流信号控制电路的开断。

开关变压器利用电磁感应的原理来改变交流电压的装置，主要部件是初级线圈、次级线圈和铁心（磁心）。在开关电源电路中，开关变压器和开关管一起构成一个自激（或他励）式间歇振荡器，从而把输入直流电压调制成一个高频脉冲电压，起到能量传递和转换作用。

图 4-12　开关电源电路中的基本元器件

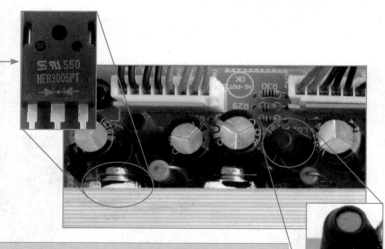

在开关变压器次级输出端连接的二极管存在着反向恢复时间，在导通瞬间会引起较大的尖峰电流，它不仅增加了二极管本身的功耗，而且使开关管流过过大的浪涌电流，增加了开通瞬间的功耗。因此在开关变压器次级输出端一般采用快恢复二极管或肖特基二极管作为整流二极管。

在电子电路中，电感线圈对交流有限流作用，另外，电感线圈还有通低频，阻高频的作用，这就是电感的滤波原理。

电感在电路中最常见的作用就是与电容一起，组成 LC 滤波电路。由于电感有"通直流，阻交流，通低频，阻高频"的功能，而电容有"阻直流，通交流"的功能。因此在整流滤波输出电路中使用 LC 滤波电路，可以利用电感吸收大部分交流干扰信号，将其转化为磁感和热能，剩下的大部分被电容旁路到地。这样就可以抑制干扰信号，在输出端就获得比较纯净的直流电流。

在开关电源电路中，整流滤波输出电路中的电感一般是由线径非常粗的漆包线环绕在涂有各种颜色的圆形磁芯上。而且附近一般有几个高大的滤波铝电解电容，这二者组成上述的 LC 滤波电路。

**图 4-12　开关电源电路中的基本元器件（续）**

 **4.4　AC/DC 开关电源的工作原理及常见电路**

AC/DC 开关电源电路中主要包括防雷击浪涌电路、EMI 滤波电路（交流电源输入电路）、桥式整流滤波电路、高压启动电路、开关振荡电路、输出端整流滤波电路、稳压电路、短路保护电路、PFC 电路等。下面详细分析这些电路的工作原理。

### 4.4.1　防雷击浪涌电路的原理及常见电路

防雷击浪涌电路主要应用在交流电源输入部分电路，其作用是防雷击保护（过电流和过电压保护）。

防雷击浪涌电路主要用来防止电路被雷击时，产生瞬间巨大电涌损坏开关电源，起保护开关电路的作用。防雷击浪涌电路主要由熔断管、热敏电阻器（NTC）、压敏电阻器（MOV）等组成，如图 4-13 所示。

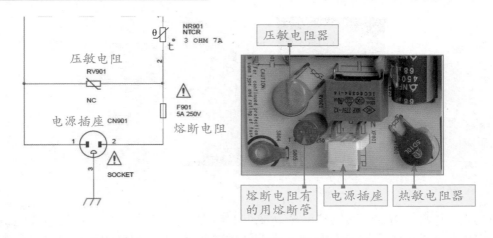

图 4-13　防雷击浪涌电路

### 1. 熔断电阻器

熔断电阻器是一种安装在电路中，保证电路安全运行的电器元件。熔断电阻是一种过电流保护器。熔断电阻主要由熔体和熔管及外加填料等部分组成。使用时，将熔断电阻串联于被保护电路中，当被保护电路的电流超过规定值，并经过一定时间后，由熔体自身产生的热量熔断熔体，使电路断开，从而起到保护的作用。在开关电源电路中熔断电阻器有长形的也有圆形的，通常用字母"F"表示，如图 4-14 所示。

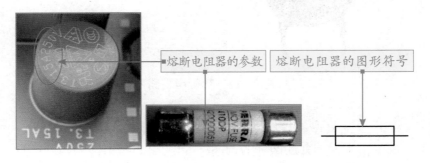

图 4-14　熔断电阻器及电路中的符号

### 2. 压敏电阻器

在开关电源电路中，压敏电阻器一般并联在电路中使用，作用是：在外部输入电压很大时，压敏电阻器的阻值急剧变小，呈现短路状态，将串联在电路上的电流熔断电阻器熔断，起到保护电路的作用。如图 4-15 所示为开关电源电路中的压敏电阻器。

在开关电源电路中，压敏电阻器通常为扁圆形的，其用"RV"文字符号表示。

**图 4-15　压敏电阻器**

### 3. 热敏电阻器

在开关电源电路中，通常将一个功率型 NTC 热敏电阻器串接在开关电源电路中，用来有效地抑制开机时的浪涌电流。当浪涌电流很大时，热敏电阻器内部的温度熔断丝会自动熔断，以切断电路，阻止电流继续流窜到后端电路。

热敏电阻器的特点是对温度敏感，不同温度下表现出不同的电阻值。热敏电阻器分为正温度系数热敏电阻器（PTC）和负温度系数热敏电阻器（NTC）。正温度系数热敏电阻器（PTC）在温度越高时电阻值越大，负温度系数热敏电阻器（NTC）在温度越高时电阻值越低。如图 4-16 所示为热敏电阻器。

在开关电源电路中，热敏电阻器通常为扁圆形，其用"NR"或"TR"文字符号表示。

**图 4-16　热敏电阻器**

### 4. 防雷击浪涌电路工作原理

防雷击浪涌电路工作原理如图 4-17 所示。

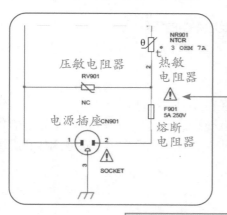

（1）当电源开启瞬间，由于瞬间电流大，热敏电阻器 NR901 能有效地防止浪涌电流。

（2）当电网受到雷击时，产生高压经输入线导入开关电源设备时，由熔断电阻器 F901、压敏电阻器 RV901、热敏电阻器 NR901 组成防雷击浪涌电路进行保护。当加在压敏电阻器 RV901 两端的电压超过其工作电压时，其阻值降低，使高压能量消耗在压敏电阻器上，若电流过大，保险电阻器 F901 会烧毁保护后级电路。

**图 4-17　防雷击浪涌电路工作原理**

## 4.4.2 EMI 滤波电路的原理及常见电路

EMI 滤波电路也是应用在交流电源输入部分电路，其作用是过滤外接市电中的高频干扰（电源噪声），避免市电电网中的高频干扰影响电路的正常工作，同时也起到减少开关电源电路本身对外界的电磁干扰。

开关电源电路中的高频干扰属于射频干扰（RFI）。其中，两条电源线（线对线）之间产生的干扰信号称为差模干扰；两条电源线与地线之间产生的干扰信号称为共模干扰。EMI 滤波电路主要过滤差模干扰信号和共模干扰信号。

EMI 滤波电路主要由电容器和电感器等元器件组成，如图 4-18 所示。

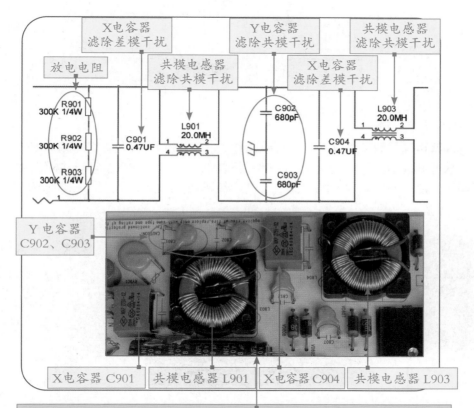

共模电感器 L901 对差模干扰不起作用，但当出现共模干扰时，由于两个线圈的磁通方向相同，经过耦合后总电感量迅速增大，对共模信号有很大的阻抗，使其不易通过。X 电容器 C901 和 C904 采用薄膜电容器，容值范围为 0.01~0.47μF，主要用来滤除差模干扰；Y电容器 C902 和 C903 跨接在输出端，并将电容器的中点接大地，能有效抑制共模干扰；电容器，C901~C904 的耐压值为 DC630V 或 AC250V。

图 4-18　EMI 滤波电路

### 1. X电容器

X电容器是一种安规电容，它跨接在火线与零线之间，即"L-N"之间，X电容器能够抑制差模干扰，通常选用金属化薄膜电容器，电容容量是μF级，如图4-19所示。

X电容器多数是方形，也就是类似于盒子的形状，它的表面一般都标有安全认证标志、耐压值（一般有AC300V或AC275V）、依靠标准等信息。

图 4-19　X 电容器

### 2. Y电容器

Y电容器也是一种安规电容，它分别跨接在电力线两线和地之间，即"L-E"和"N-E"之间，一般是成对出现。Y电容器通常都是陶瓷类电容器，能够抑制共模干扰，Y电容器容量是nF级。基于漏电流的制约，Y电容量不可以很大，如图4-20所示。

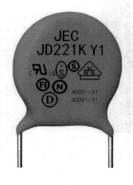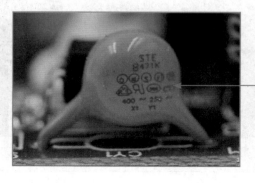

Y电容器多数是扁圆形外观，颜色为蓝色，它的表面一般标有安全认证标志、耐压值等信息。

图 4-20　Y 电容器

### 3. 共模电感器

共模电感器也称共模扼流圈，常用于开关电源中过滤共模的电磁干扰信号。共模电感器由两个尺寸相同，匝数相同的线圈对称地绕制在同一个铁氧体环形磁心上，形成一个四引脚的器件，对于共模信号呈现出大电感具有抑制作用，而对于差模信号呈现出很小的漏电感几乎不起作用。如图4-21所示为共模电感器。

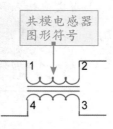

共模电感器图形符号

（1）共模电感器的原理：当电感器中流过共模电流时，电感磁环中的磁通相互叠加，从而具有相当大的电感量，对共模电流起到抑制作用，而当两线圈流过差模电流时，磁环中的磁通相互抵消，几乎没有电感量，所以差模电流可以无衰减地通过。因此共模电感在平衡电路中能有效地抑制共模干扰信号，而对电路正常传输的差模信号无影响。

（2）由于共模电感器电感量不大，所以共模电感器对于正常的 220V 交流电感抗很小，不影响 220V 交流电对开关电源的供电。

图 4-21　共模电感器

## 4. 差模电感器

差模电感器也称差模扼流圈，常用于开关电源中过滤差模高频干扰信号。差模电感器一般与 X 电容器一起过滤电路中的差模高频信号，如图 4-22 所示。

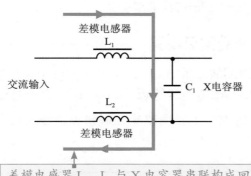
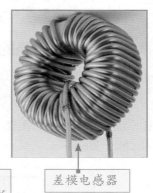

差模电感器

$L_1$

交流输入

$C_1$　X电容器

$L_2$

差模电感器

差模电感器

差模电感器 $L_1$、$L_2$ 与 X 电容器串联构成回路，因为 $L_1$、$L_2$ 对差模高频干扰的感抗大，而 X 电容器 $C_1$ 对高频干扰的容抗小，这样将差模干扰噪声滤除，而不能加到后面的电路中，达到抑制差模高频干扰噪声的目的。

图 4-22　差模电感器

提示：差模电感器有两个引脚，共模电感器有四个引脚，这是差模电感器和共模电感器的一个区别。

## 5. EMI 滤波电路工作原理

EMI 滤波电路工作原理如图 4-23 所示。

（1）当交流输入电压经过防雷击浪涌电路之后，进入由 X 电容器 C906 和 C907、共模电感器 L901、Y 电容器 C901 和 C902 组成的 EMI 滤波电路。

（2）由共模电感器 L901 的 1、2 线圈与 Y 电容器 C902 以及共模电感器 L901 的 3、4 线圈与 C903 分别构成的交流进线上两对独立端口之间的低通滤波电路滤波后，过滤交流进线上存在的共模干扰噪声，阻止它们进入电源设备。

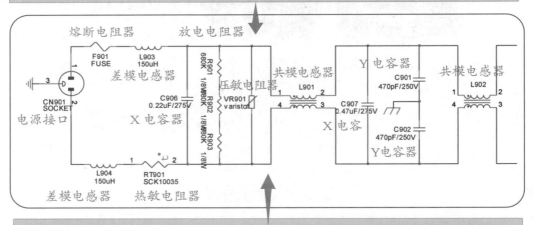

（3）由 X 电容器 C906 和 C907 组成的交流进线独立端口间的低通滤波电路，过滤交流进线上的差模干扰噪声，防止电源设备受其干扰。经过滤波之后的交流电为下一级整流滤波电路提供纯净的输入电源。

图4-23　EMI滤波电路工作原理

## 4.4.3　桥式整流滤波电路的原理及常见电路

桥式整流滤波电路主要负责将经过滤波后的 220V 交流电，进行全波整流，转变为直流电压，然后再经过滤波后将电压变为市电电压的 $\sqrt{2}$ 倍，即 310V 直流电压。

开关电源电路中的桥式整流滤波电路，主要由整流二极管（或整流堆），高压滤波电容器等组成，如图 4-24 所示。

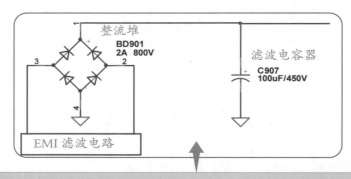

BD901 是由 4 个二极管组成的桥式整流堆，C907 为高压滤波电容器，它们组成了桥式整流滤波电路。桥式整流滤波电路的工作特点是：脉冲小，电源利用率高。当 220 交流电进入桥式整流堆后，220V 交流电进行全部整流，之后转变为 310V 左右的直流电压输出。

图 4-24　桥式整流滤波电路

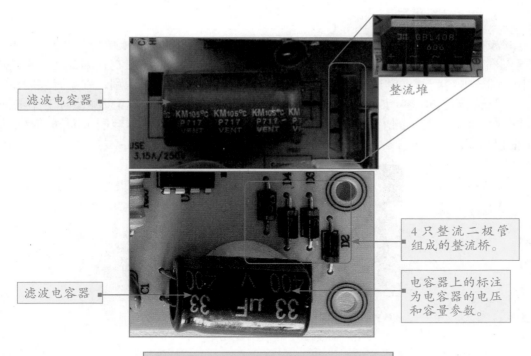

图 4-24　桥式整流滤波电路（续）

## 1.　桥式整流堆

桥式整流堆的主要作用是将 220V 交流电压整流输出约为 +310V 的直流电压。桥式整流堆的内部由 4 只二极管构成，可通过检测每只二极管的正、反向阻值来判断其是否正常。如图 4-25 所示为桥式整流堆及其内部结构图。

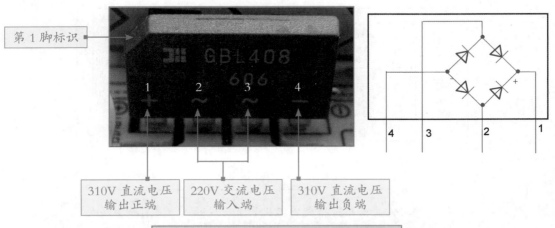

图 4-25　桥式整流堆及其内部结构图

图 4-25 中桥式整流堆的 4 个针脚中，中间 2 个针脚为交流电压输入端，两边 2 个针脚为直流电压输出端。在进行故障检测时，测量直流输出电压，应测量两边的正端和负端。

**2. 滤波电容器**

滤波电容器主要用于对桥式整流堆送来的 310V 直流电压进行滤波，滤波后输出 310V 左右的直流电压。由于桥式整流电路输出的电压达到 310V 左右，因此滤波电路中采用的滤波电容耐压通常达到 450V 左右。此滤波电容器非常好识别，它是开关电源电路板中个头最大的电容。如图 4-26 所示。在测量电容器的好坏时，可以测量其工作电压，正常应在 310V 左右。测量时，首先要识别电容的正、负极。在电容器上面通常有一道白色的为负极。

电容器上的标注为电容器的电压和容量。

有白道一端的针脚为负极。

**图 4-26　滤波电容器**

**3. 桥式整流滤波电路工作原理**

桥式整流滤波电路工作原理如图 4-27 所示。

（1）桥式整流滤波电路由桥式整流电路和电容滤波电路组成。其中，桥式整流电路由四只整流二极管两两对接连接成电桥形式（如图中的 VD805~VD808），利用整流二极管的单向导通性进行整流，将交流电转变为直流电。

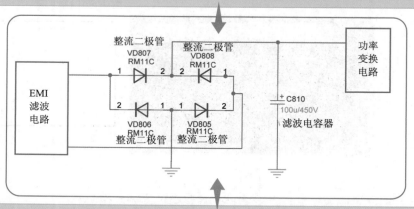

（2）桥式整流滤波电路每个整流二极管上流过的电流是负载电流的一半，当在交流电源的正半周时，整流二极管 VD807 和 VD805 导通，VD808 和 VD806 截止，输出正的半波整流电压；当在交流电源的负半周时，整流二极管 VD808 和 VD806 导通，VD807 和 VD805 截止，由于 VD808 和 VD806 这两只管是反接的，所以输出还是正的半波整流电压。

**图 4-27　桥式整流滤波电路工作原理**

（3）C810 为电容滤波电路，它是并联在整流电源电路输出端，用以降低交流脉动波纹系数、平滑直流输出的一种储能器件。

（4）滤波电路是利用电容器的充、放电原理达到滤波的作用。在脉动直流波形的上升段，电容器 C810 充电，由于充电时间常数很小，所以充电速度很快；在脉动直流波形的下降段，C810 放电，由于放电时间常数很大，所以放电速度很慢。在 C810 还没有完全放电时再次开始进行充电。这样通过 C810 的反复充、放电实现了滤波作用。

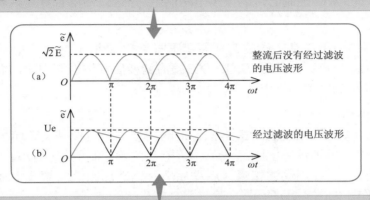

（5）桥式整流滤波电路中的滤波电容器 C810 不仅使电源直流输出平滑稳定，降低了交变脉动电流对电子电路的影响，同时还可吸收电子电路工作过程中产生的电流波动和经由交流电源串入的干扰，使得电子电路的工作性能更加稳定。

**图 4-27 桥式整流滤波电路工作原理（续）**

## 4.4.4 高压启动电路的原理及常见电路

高压启动电路的功能是主要为 PWM 控制芯片提供安全稳定的启动电压。启动电路分为常规启动电路和受控制式启动电路两种形式。

### 1. 常规启动电路

常规启动电路的工作原理如图 4-28 所示。

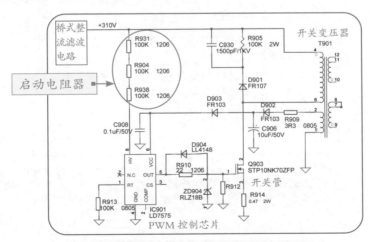

**图 4-28 常规启动电路的工作原理**

（1）启动电路由启动电阻器 R931、R904 和 R938 组成。

（2）当接通电源开关后，市电电压经防雷击浪涌电路及 EMI 滤波电路后，再经桥式整流滤波电路整流滤波后，输出约 310V 的直流电压。此电压的一路经开关变压器 T901 的初级绕组（4-6）送到开关管 Q903 的漏极；另一路经电阻器 R931、R904 和 R938 分压后，为 PWM 控制芯片的振荡电路供电。然后 PWM 控制芯片输出脉冲控制开关管 Q903 工作。

（3）当开关电源正常工作后，开关变压器 T901 绕组（1-2）上感应的脉冲电压经整流二极管 D902、D903、电容器 C906、C908 整流滤波后产生直流电压，将取代启动电路，为 PWM 控制芯片的供电端供电。

### 2. 受控制式启动电路

受控制式启动电路和常规启动电路相比，增加了一个可控开关（可控开关一般由三极管、场效应管、晶闸管等电路组成），可控开关的控制信号一般取自开关变压器的反馈绕组。可控开关在启动时接通，启动后断开，然后由整流滤波电路产生的电压接替启动电路工作，如图 4-29 所示。

（1）当开机后，PNP 型三极管 Q612 导通，然后桥式整流滤波电路输出的 +310V 电压经三极管 Q612、电阻器 R632 在电容器 C616 两端建立启动电压，加到 PWM 控制芯片 UC3842 的第 7 脚，为 UC3842 芯片提供启动电压。

（2）当 UC3842 芯片启动后，开关电源工作，开关变压器 T601 的 6-4 绕组感应的脉冲（叠加有 +310V 直流）经二极管 D610、电容器 C615 整流滤波后，经电阻器 R627 加到三极管 Q612 的基极，基极变为高电平，致使三极管 Q612 截止，启动电路关断。

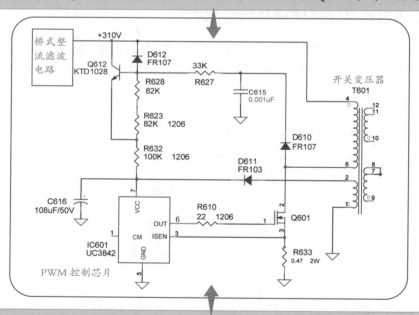

（3）当开关电源正常工作后，开关变压器 T601 绕组（1-2）上感应的脉冲电压经整流二极管 D611、电容器 C616 整流滤波后产生直流电压，将取代启动电路，为 PWM 控制芯片的供电端供电。

图 4-29 受控制式启动电路

如图 4-30 所示为另一种形式的受控式启动电路。

（1）当开机后，PNP 型三极管 Q911 导通。经 EMI 滤波电路滤波后的 220V 交流电压经二极管 D926 整流、电阻器 R922 分压、三极管 Q911、二极管 D927 整流后，在电容器 C921 两端建立启动电压，加到 PWM 控制芯片 UC3842 的第 7 脚，为 UC3842 芯片提供启动电压。

（2）当 UC3842 芯片启动后，开关电源工作，UC3842 芯片的第 8 脚输出 5V 基准电压，使 NPN 型三极管 Q912 导通，电流流过电阻器 R911、R912、Q912，使三极管 Q911 基极电压变为高电平，致使三极管 Q911 截止，启动电路关断。

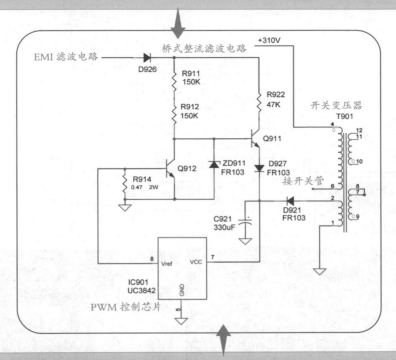

（3）当开关电源正常工作后，开关变压器 T901 绕组（1-2）上感应的脉冲电压经整流二极管 D921、电容器 C921 整流滤波后产生直流电压，将取代启动电路，为 PWM 控制芯片的供电端供电。

图 4-30　另一种形式的受控式启动电路

## 4.4.5　开关振荡电路的原理及常见电路

开关振荡电路是开关电源中的核心电路，由这里产生高频脉冲电压，通过开关变压器次级线圈输出所需要的电压。

开关振荡电路主要通过 PWM 控制器输出的矩形脉冲信号，控制开关管不断地开启 / 关闭，处于开关振荡状态。从而使开关变压器的初级线圈产生开关电流，开关变压器处于工作状态，在次级线圈中产生感应电流，再经过处理后输出主电压。

开关振荡电路主要由开关管、PWM 控制器、开关变压器等组成，如图 4-31 所示。

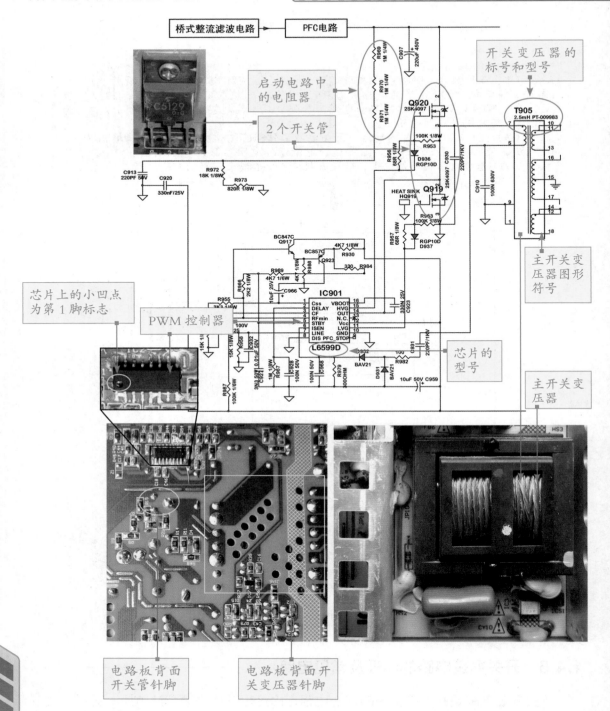

图 4-31 开关振荡电路

图 3-31 中，IC901（L6599D）为 PWM 控制器，它是开关电源的核心，它能产生频率固定而脉冲宽度可调的驱动信号，控制开关管的通 / 断状态，从而调节输出电压的高

低，达到稳压的目的。Q920 和 Q919 为开关管，T905 为开关变压器。

1. 开关管

在开关电源电路中，开关管的作用是将直流电流变成脉冲电流。它与开关变压器一起构成一个自激（或他励）式间歇振荡器，从而把输入直流电压调制成一个高频脉冲电压，起到能量传递和转换作用。

目前使用最广泛的开关管是绝缘栅场效应管（MOSFET 管），有些开关电源也使用三极管作为开关管，如图 4-32 所示。

由于开关管工作在高电压和大电流的环境下，发热量较大，因此一般会安装一个散热片。

开关管的型号

三极管和 MOS 管作为开关管的区别：
（1）三极管是电流型控制元器件，而 MOS 管是电压控制元器件，三极管导通所需的控制端的输入电压要求较低，一般在 0.4~0.6V 以上就即可实现三极管导通，只需改变基极限流电阻即可改变基极电流。而 MOS 管为电压控制，导通所需电压一般为 4~10V，且达到饱和时所需电压一般为 6~10V。在控制电压较低的场合一般使用三极管作为开关管，也可以先使用三极管作为缓冲控制 MOS 管。
（2）MOS 管内阻很小，所以一般在小电流场合使用 MOS 管比较多。
（3）MOS 管的输入阻抗大，所以 MOS 管要比三极管快一些，稳定性好一些。

图 4-32　电源电路中的开关管

2. PWM 控制芯片

PWM 是脉宽调制的意思，是用来控制和调节占空比的芯片。PWM 控制芯片的作用是输出开关管的控制驱动信号，驱动控制开关管导通和截止。然后通过将输出直流电压取样，来控制开关管开通和关断的时间比率，从而维持稳定输出电压。

如图 4-33 所示为开关电源中部分常用 PWM 控制芯片的引脚功能。

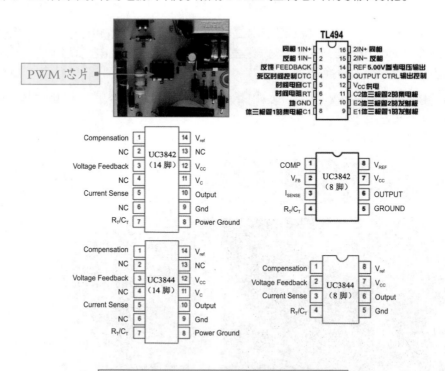

图 4-33　常用 PWM 控制芯片

3. 开关变压器

开关变压器利用电磁感应的原理来改变电压的装置，主要构件是初级线圈、次级线圈和铁心（磁心）。在开关电源电路中，开关变压器和开关管一起构成一个自激（或他励）式间歇振荡器，从而把输入直流电压调制成一个高频脉冲电压，起到能量传递和转换作用。如图 4-34 所示为开关变压器。

图 4-34　开关变压器

### 4. 振荡电路工作原理

如图 4-35 所示为一个单端反激式开关振荡电路，它由 PWM 控制器 U901、开关管 Q901、开关变压器 T901 组成。

（1）PWM 控制器启动：当 310V 直流电压经启动电阻器 R904、R905、R906 分压后，加到 PWM 控制器 U901 的第 3 脚，为其提供启动电压。U901 启动后，其内部电路开始工作，从第 8 脚输出高电平脉冲控制信号到开关管 Q901 的栅极，使其导通。此时电流流过开关变压器 T901 的初级线圈 4–6，并在 1–3 线圈产生感应脉冲。此感应脉冲由 D901、C908 整流滤波，产生 15V 直流电压并加到 U901 第 7 引脚的 VCC 端，为 PWM 控制器供电，取代启动电路维持电源正常振荡。

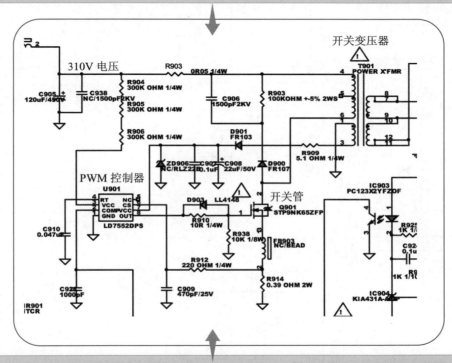

（2）当电流流过开关变压器 T901 的 4、6 绕组、开关管 Q901、电感器 FB903、电阻器 R914，在开关变压器 T901 的初级线圈产生上正下负的电压；同时，开关变压器 T901 的次级线圈产生下正上负的感应电动势，这时变压器 T901 次级线圈上的整流二极管截止，此阶段为储能阶段。

（3）此时，电流经电阻器 R912 给电容器 C909 充电并加到 PWM 控制器 U901 第 6 引脚的 PWM 比较器同相输入端。当 C909 上的电压上升到 PWM 控制器内部的比较器反相端的电压时，比较器控制 RS 锁存器复位，PWM 芯片的第 8 引脚输出低电平到开关管 Q901 的栅极，Q901 截止。此时开关变压器 T901 初级线圈上的电流瞬间变为 0，初级线圈的电动势为下正上负，在次级线圈上感应出上正下负的电动势，此时变压器次级线圈的整流二极管导通，开始为负载输出电压。

（4）就这样 PWM 控制器控制开光管不断的导通和关闭，开关变压器 T901 的次级线圈就会不断地输出直流电压。

图 4-35　单端反激式振荡电路工作原理

如图 4-36 所示为一个双管正激式开关振荡电路，它由 PWM 控制器 U1、开关管 Q6 和 Q7、开关变压器 T1 组成。该电路的特点是：两个开关管 Q6 和 Q7 同时导通和关闭，由于双开关管的架构只需承受一倍的开关电压，比单管正激开关管要承受的双倍电压更为安全，因此双管正激式电路更适合用在高功率电源上。

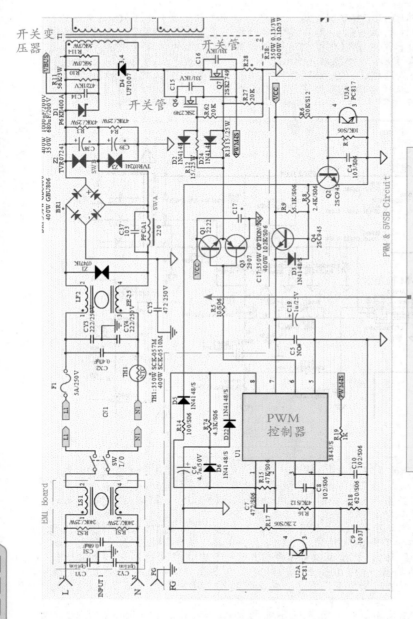

（1）当 PWM 控制器 U1 启动后，从第 6 脚输出驱动控制信号，控制开关管 Q6 和 Q7 同时导通和关闭。当开关管 Q6 和 Q7 同时导通时，电流流过开关变压器 T1 的初级线圈产生上正下负的电压；同时，开关变压器 T1 的次级线圈产生下正上负的感应电动势，这时变压器次级线圈上的整流二极管截止，此阶段为储能阶段。

（2）开关管 Q6 和 Q7 同时关闭时，开关变压器 T901 初级线圈上的电流瞬间变为 0，初级线圈的电动势为下正上负，在次级线圈上感应出上正下负的电动势，此时变压器次级线圈的整流二极管导通，开始为负载输出电压。

图 4-36　双管正激式开关振荡电路

## 4.4.6 输出端整流滤波电路的原理及常见电路

输出端整流滤波输出电路的作用是将开关变压器次级端输出的电压进行整流与滤波，使之得到稳定的直流电压输出。因为开关变压器的漏感和输出二极管的反向恢复电流造成的尖峰，都形成了潜在的电磁干扰。所以开关变压器输出的电压必须经过整流滤波处理后，才能再输送给其他电路。

整流滤波输出电路主要由整流二极管、滤波电阻器、滤波电容器、滤波电感器等组成。如图 4-37 所示为整流滤波电路原理图。

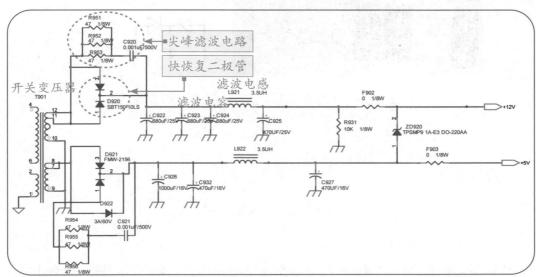

图 4-37 整流滤波电路原理图

### 1. 快恢复二极管

快恢复二极管是指反向恢复时间很短的二极管（5μs 以下），由于开关电源中次级整流电路属于高频整流电路（频率较高），所以只能使用快恢复二极管整流，否则由于二极管损耗太大会造成电源整体效率降低，严重时会烧毁二极管。如图 4-38 所示为快恢复二极管。

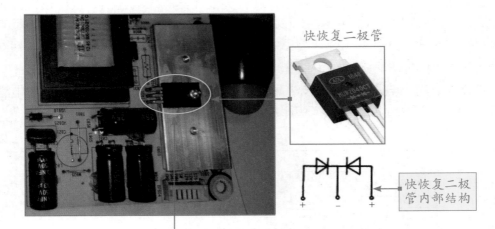

快恢复二极管

快恢复二极管内部结构

（1）快恢复二极管（简称 FRD）是一种具有开关特性好、反向恢复时间短、反向击穿电压（耐压值）较高的半导体二极管。它的正向导通压降为 0.8~1.1V，反向恢复时间为 35~85ns。

（2）当输出电压＞8V 时，一般选用快恢复二极管来整流，它的反向耐压可达到数百伏。同时，二极管的电流平均值应大于输出电流。

图 4-38　快恢复二极管

## 2. 肖特基二极管

肖特基二极管是以金属和半导体接触形成的势垒为基础的二极管，具有正向压降低（0.4~0.5V）、反向恢复时间很短（10~40ns），而且反向漏电流较大，耐压低等特点，多用于低电压场合，如图 4-39 所示。

肖特基二极管

肖特基二极管由于在低电压、大电流输出的开关电源中整流二极管的功耗是其主要功耗之一。因此，当输出电压≤8V 时，一般选用肖特基二极管来整流，其优点是，导通电压为 0.4～0.6V，为一般 PN 结二极管的一半，反向恢复快且有足够的反向电压。

图 4-39　肖特基二极管

## 3. 滤波电感器

在电子电路中，电感线圈对交流有限流作用，另外，电感线圈还有通低频，阻高频的作用，这就是电感器的滤波原理。

电感器在电路最常见的作用就是与电容器一起，组成 LC 滤波电路或 π 型滤波电路。由于电感有"通直流，阻交流，通低频，阻高频"的功能，而电容有"阻直流，通交流"的功能。因此在整流滤波输出电路中使用 LC 滤波电路或 π 型滤波电路，可以利用电感吸收大部分交流干扰信号，将其转化为磁感和热能，剩下的大部分被电容旁路到地。这样就可以抑制干扰信号，在输出端获得比较纯净的直流电流。如图 4-40 所示为整流滤波输出电路中的电感器。

在开关电源电路中，整流滤波输出电路中的电感器一般是由线径非常粗的漆包线环绕在涂有各种颜色的圆形磁心上。而且附近一般有几个高大的滤波铝电解电容，这二者组成的就是上述的 LC 滤波电路或 π 型滤波电路。

电感器外的黑套为防止干扰

图 4-40　整流滤波输出电路中的电感

### 4. 正激整流滤波电路工作原理

如图 4-41 所示为正激整流滤波电路。其中，T901 为开关变压器，D908 为整流二极管，D907 为续流二极管，电阻器 R934 和电容器 C934 为尖峰滤波电路，电阻器 R935 和电容器 C935 为另一个尖峰滤波电路，L901 为续流电感器，L902 为滤波电感器，电容器 C937、C938 和电感器 L902 组成了 π 型滤波电路。

（1）当开关管导通时，在变压器 T901 初级线圈上产生的感应电压，同时在次级线圈上也感应的电压，使整流二极管 D908 导通，并将输入的电能传送给电感器 L901 和电容器 C936，再经过电容器 C937、C938 和 L902 滤波后，为负载供电。

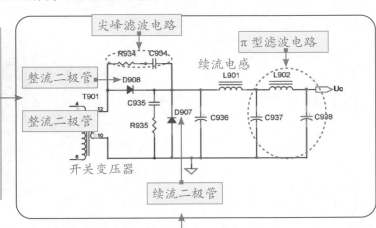

（2）当开关管截止时，整流二极管 D908 截止，电感器 L901 上的电压极性反转并通过续流二极管 D907 继续向负载供电。

图 4-41　正激整流滤波电路

### 5. 反激整流滤波电路工作原理

如图 4-42 所示为反激整流滤波电路。其中，T901 为开关变压器，D908 为整流二极管，电阻器 R934 和电容器 C934 为尖峰滤波电路，L901 为续流电感器，L902 为滤波电感器，电容器 C937、C938 和电感器 L902 组成了 π 型滤波电路。

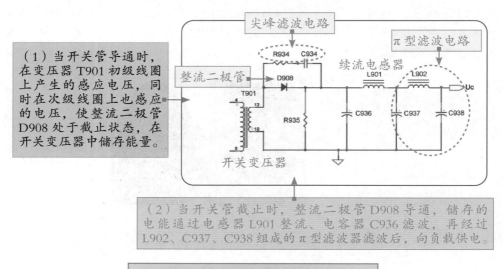

（1）当开关管导通时，在变压器 T901 初级线圈上产生的感应电压，同时在次级线圈上也感应的电压，使整流二极管 D908 处于截止状态，在开关变压器中储存能量。

（2）当开关管截止时，整流二极管 D908 导通，储存的电能通过电感器 L901 整流、电容器 C936 滤波，再经过 L902、C937、C938 组成的 π 型滤波器滤波后，向负载供电。

**图 4-42　反激整流滤波电路**

### 6. 同步整流滤波电路工作原理

如图 4-43 所示为同步激整流滤波电路。其中，T1 为开关变压器，Q3 为续流场效应管，Q2 为整流场效应管，L1 为续流电感器，L2 为滤波电感器，电阻器 R1 和电容器 C1 为尖峰滤波电路，电阻器 R7 和电容器 C4 为另一个尖峰滤波电路，电容器 C6、C7 和电感器 L2 组成了 π 型滤波电路。

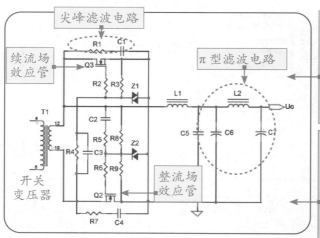

（1）当变压器次级线圈的感应电压为上负下正时，电流经 C3、电阻器 R4、R2 使场效应管 Q3 导通，同时整流场效应管 Q2 栅极由于处于反偏而截止。此时电能通过整流场效应管 Q2 传送给续流电感器 L1 和电容 C5，再经过电容 C6、C7 和 L2 滤波后，为负载供电。

（2）当变压器次级线圈的感应电压为上正下负时，电流经电容器 C2，电阻器 R5、R6、R8 使整流场效应管 Q2 导通，电路构成回路；此时续流场效应管 Q3 栅极由于处于反偏而截止。续流电感器 L1 上的电压极性反转并通过续流场效应管 Q3 继续向负载供电。

**图 4-43　同步整流滤波电路**

7. 输出端整流滤波电路工作原理

如图 4-44 所示为某显示器的开关电源电路。此电路中 T901 为开关变压器，D906 为快恢复二极管，电阻器 R918、R919、R920 和电容器 C912 组成了尖峰滤波电路，L904 为续流电感器。

（1）当开关管导通时，开关变压器 T901 的初级线圈有电流流过，产生上正下负的电压；同时，开关变压器 T901 的次级线圈产生下正上负的感应电动势，这时次级线圈上的二极管 D906 和 D907 截止，此阶段为储能阶段。

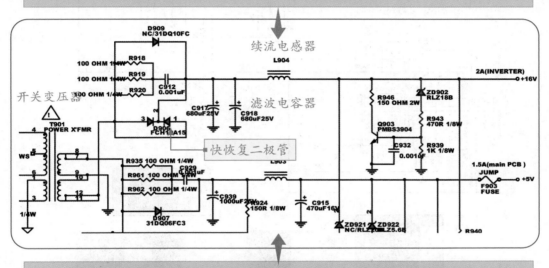

（2）当开关管截止时，开关变压器 T901 初级线圈上的电流瞬间变为 0，初级线圈的电动势为下正上负，在次级线圈上感应出上正下负的电动势，此时二极管 D906 和 D907 导通，开始输出电压。

（3）如果想在开关变压器次级线圈获得不同等级的直流电压，只要增加一些绕组，并选用合适的匝数比即可。

**图 4-44　输出端整流滤波电路工作原理**

## 4.4.7　稳压控制电路的原理及常见电路

由于 220V 交流市电是在一定范围内变化的，当市电升高，开关电源电路的开关变压器输出的电压也会随之升高，为了得到稳定不变的输出电压，在开关电源电路中一般都会设计一个稳压控制电路，用于稳定开关电源输出的电压。

稳压控制电路的主要作用是在误差取样电路的作用下，通过控制开关管激励脉冲的宽度或周期，控制开关管导通时间的长短，使输出电压趋于稳定。

稳压控制电路主要由 PWM 控制器（控制器内部的误差放大器、电流比较器、锁存器等）、精密稳压器（TL431）、光电耦合器、取样电阻等组成。如图 4-45 所示为稳压控制电路。

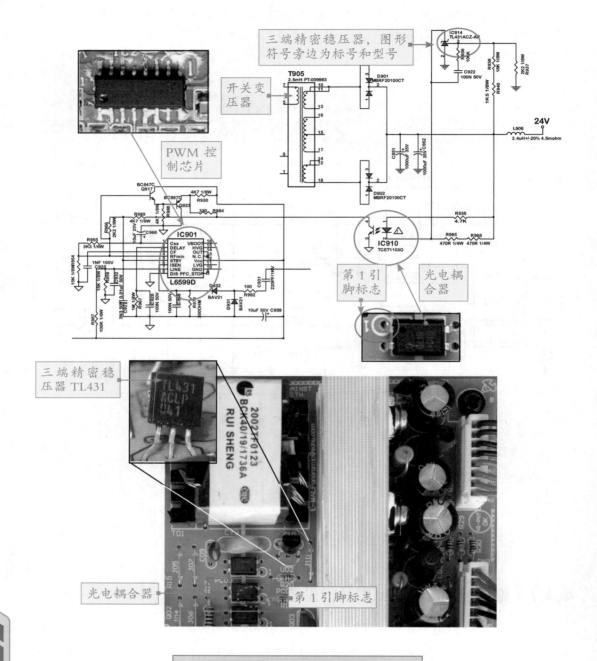

图 4-45　稳压控制电路

## 1. 光电耦合器

光电耦合器的主要作用是将开关电源输出电压的误差反馈到 PWM 控制器上。当稳压控制电路工作时，在光电耦合器输入端加电信号驱动发光二极管（LED），使之发出一定波长的光，被光探测器接收而产生光电流，再经过进一步放大后输出。这就完成了电 - 光 - 电的转换，从而起到输入、输出、隔离的作用，如图 4-46 所示。

表面的小凹点和电路板上的小圆圈是第 1 针标志。

图 4-46　光电耦合器及内部结构图

### 2. 精密稳压器

精密稳压器是一种可控精密电压比较稳压器件，相当于一个稳压值在 2.5 ～ 36V 间可变的稳压二极管。常用的精密稳压器有 TL431 等，精密稳压器的外形、符号、内部结构及实物如图 4-47 所示。其中，A 为阳极，K 为阴极，R 为控制极。精密稳压器的内部有一个电压比较器，该电压比较器的反相输入端接内部基准电压 $2.495V \pm 2\%$。该比较器的同相输入端接外部控制电压，比较器的输出用于驱动一个 NPN 的晶体管，使晶体管导通，电流就可以从 K 极流向 A 极。

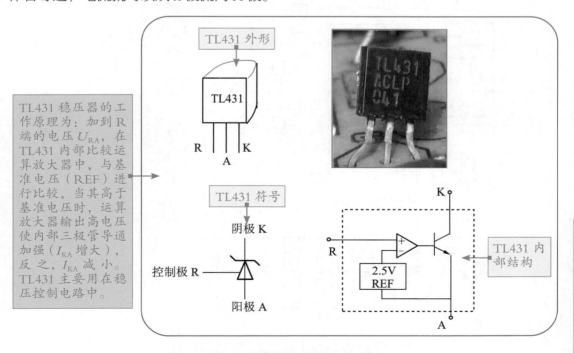

TL431 稳压器的工作原理为：加到 R 端的电压 $U_{RA}$，在 TL431 内部比较运算放大器中，与基准电压（REF）进行比较，当其高于基准电压时，运算放大器输出高电压使内部三极管导通加强（$I_{KA}$ 增大），反之，$I_{KA}$ 减小。TL431 主要用在稳压控制电路中。

图 4-47　TL431 精密稳压器

### 3. 稳压电路工作原理

开关电源稳压控制调整电路由图4-48中的三端精密电压源IC904（KIA431A-AT/P）、光电耦合器IC903（PC123X2YFZOF）和IC901第2引脚的GND接口及相关元器件组成。

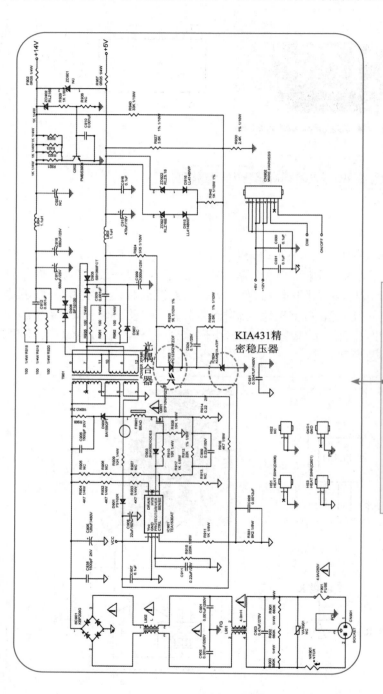

KIA431精密稳压器

光电耦合器

稳压控制电路工作机制：当输出电压发生波动时，经电阻器R940、R930分压后得到的取样电压与IC904（KIA431）中的2.5V带隙基准电压进行比较，在阴极上形成误差电压，使光电耦合器IC903中的LED的工作电流产生相应变化，再通过光耦去改变PWM控制器IC901的控制端电流的大小，调节PWM控制器输出占空比，使输出电压保持不变，实现稳压输出。

图4-48　稳压电路工作原理

（1）当开关电源电路工作时，直流电压输出端 +14V 电压由电阻器 R940 和 R930 分压后，在 R930 上产生电压，该电压直接加到 IC904 精密稳压器的 REF 端（R 端）。由电路上的电阻参数可知，经过分压后，2.5V 的电压输入到 IC904 上的电压正好能使 IC904 导通。这样 +14V 电压就可以流过光电耦合器和精密稳压器，当电流流过光电耦合器发光二极管，光电耦合器 IC903 开始工作，完成电压的取样。

（2）当 220V 交流市电电压升高导致输出电压随之升高时，直流电压输出端电压将超过 14V，这时输入 IC904 精密稳压器 REF 端的电压也将大于 2.5V。由于 IC904 的 R 端电压升高，其内部比较器也将输出高电平，从而使 IC904 内部 NPN 管导通。

（3）光电耦合器 IC903 的第 2 脚电位随着降低，显然这种变化势必会使得流过光电耦合器内部的发光二极管的电流有所增大，发光二极管的亮度也随之增强，光电耦合器内部的光电晶体管的内阻同时也变小，这样则光电晶体管端的导通程度也会加强。

（4）由于光电耦合器 IC903 的 CTR（电流传感系数即流过发光二极管的电流与流过光电晶体管的电流的比值）≈ 1，使得从 IC903 中的光电晶体管的第 4 脚流过的电流也有所增大。

（5）电流增大将导致 PWM 控制器 IC901 的第 2 脚（GND 端）电压降低，由于该电压加到 IC901 内部误差放大器的反相输入端，于是 IC901 的第 6 脚（DRIVER 端）的输出脉冲占空比变小。然后开关变压器 T901 的次级线圈输出电压也会降低，从而达到降压的目的。这样就构成了过电压输出反馈回路，达到稳定输出的作用。

（6）同理，当 220V 交流市电电压降低时，直流输出端电压将低于 14V，这时输入 IC904 精密稳压器 REF 端的电压也将小于 2.5V。精密稳压器 IC904 内部比较器的输出低电平，使内部的 NPN 管截止，从而使得流过光电耦合器的发光二极管的电流减小，可使 IC901 第 2 脚（GND 端）的电压升高，于是 IC901 第 6 脚（DRIVER 端）的输出脉冲占空比变大，致使开关变压器次级线圈输出电压升高，输出端电压上升。

（7）此外，与精密稳压器相连的电阻器 R926 和电容器 C924 共同组成了阻抗匹配电路，起到高频补偿作用。

## 4.4.8　短路保护电路的原理及常见电路

开关电源同其他电子装置一样，短路是最严重的故障，短路保护是否可靠，是影响开关电源可靠性的重要因素。

### 1. 小功率开关电源短路保护电路

如图 4-49 所示为小功率开关电源短路保护电路。短路保护电路主要由光电耦合器 IC910、PWM 控制芯片 IC901 等组成。

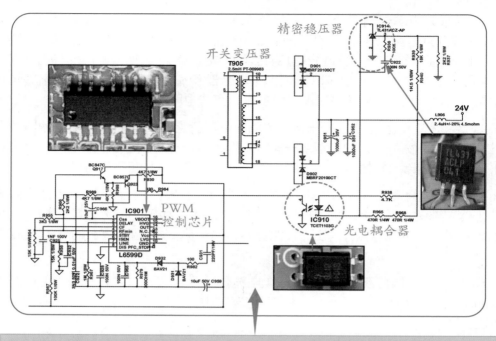

（1）当输出电路短路，输出电压消失，光电耦合器 IC910 不导通，反馈电压变为 0，IC901（L6599D）第 5 脚检测到低于 1.25V 的电压后，将 PWM 芯片 IC901 设置为待机模式，从而启动保护电路的作用。

（2）当短路现象消失后，输出给 IC901 第 5 脚的电压升高后，电路可以自动恢复成正常工作状态。

图 4-49　开关电源保护电路

如图 4-50 所示已短路保护电路由开关变压器 T901 初级线圈、电阻器 R937、PWM 控制器 IC930 组成。

（1）当输出电路短路或过电电流时，开关变压器 T901 初始线圈中的电流增大，使电阻器 R937 两端电压降增大，同时 PWM 控制芯片 IC930 的第 3 脚电压升高。

（2）PWM 控制器 IC930 内部的电路会调整第 5 脚输出驱动控制信号的占空比。当第 3 脚的电压超过 1V 时，PWM 控制器 IC930 关闭内部电路停止输出驱动控制信号，从而起到保护电路的作用。

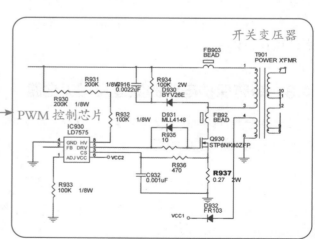

图 4-50　短路保护电路

2. 中大功率开关电源短路保护电路

中大功率开关电源短路保护电路如图 4-5l 所示。

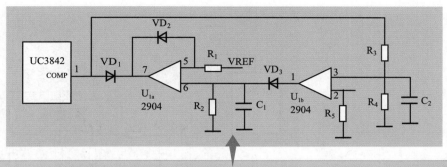

中大功率开关电源短路保护电路工作原理：当开关电源电路的输出电路短路时，PWM 芯片 UC3842 第 1 脚电压上升，比较器 U1（2904）第 3 脚电位高于第 2 脚时，比较器翻转 U1 第 1 脚输出高电平，给电容器 C1 充电，当电容器 $C_1$ 两端电压超过比较器 U1 第 5 脚基准电压时，U1 第 7 脚输出低电平，UC3842 第 1 脚电压低于 1V，UC3842 停止工作，输出电压为 0V。当短路消失后电路正常工作。电阻器 $R_2$、电容器 $C_1$ 是充放电时间常数，阻值不对时短路保护不起作用。

图 4-51　中大功率开关电源短路保护电路

## 4.4.9　过电压保护电路的原理及常见电路

输出过电压保护电路的作用是：当输出电压超过设计值时，把输出电压限定在安全值的范围内。当开关电源内部稳压环路出现故障或由于用户操作不当引起输出过电压现象时，过电压保护电路进行保护以防止损坏后级用电设备。

常用的过电压保护电路有如下几种。

1. 晶闸管触发过电压保护电路

晶闸管触发过电压保护电路如图 4-52 所示。

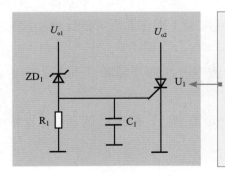

晶闸管触发过电压保护电路工作原理：当 $U_{o1}$ 输出电压升高，稳压二极管 $D_1$ 击穿导通，晶闸管 U1 的控制端得到触发电压，因此晶闸管导通。$U_{o2}$ 电压对地短路，短路保护电路就会工作，停止整个电源电路的工作。当输出过电压现象排除，晶闸管的控制端触发电压通过电阻器 $R_1$ 对地泄放，晶闸管恢复断开状态。

图 4-52　晶闸管触发过电压保护电路

### 2. 光电耦合器过电压保护电路

光电耦合器过电压保护电路如图 4-53 所示。

当输出电压 $U_o$ 有过电压情况时，稳压二极管 $ZD_1$ 击穿导通，经光电耦合器 $U_2$ 和电阻器 $R_5$ 接地，光电耦合器的发光二极管发光，从而使光电耦合器的光电晶体管导通。$Q_1$ 的基极 b 得电导通，PWM 控制芯片 UC3842 的第 1 脚电压降低，第 3 脚电压降低，使 PWM 控制芯片 UC3842 停止工作，输出电压变为 0，起到保护电路的作用。

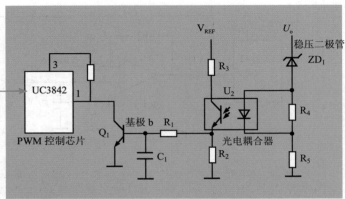

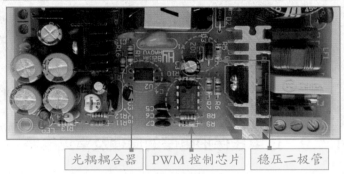

图 4-53　光电耦合器过电压保护电路

## 4.4.10　PFC 电路的原理及常见电路

简单来说，PFC 电路主要为了抑止电流波形的畸变及提高功率因数。PFC（Power Factor Correction）的意思是功率因数校正，功率因数是指有效功率与总耗电量（视在功率）之间的关系，也就是有效功率除以总耗电量（视在功率）的比值。简单来说，PFC 是用来表征电子产品对电能的利用效率的。

另外，PFC 电路还要解决因容性负载导致电流波形严重畸变而产生的电磁干扰（EMI）和电磁兼容（EMC）问题。

目前的 PFC 有两种，被动式 PFC（也称无源 PFC）和主动式 PFC（也称有源式 PFC）。

### 1. 无源 PFC 电路

所谓的无源 PFC 电路，顾名思义，就是在其电路设计的过程中并不使用晶体管等有源电子元器件。换句话说，这种 PFC 电路是由二极管、电阻器、电容器和电感器等无源元件组成。无源 PFC 电路是利用电感器和电容器组成的滤波器，对输入电流进行移相和整形。主要是增加输入电流的导电宽度，减缓其脉冲上升性，从而减小电流的谐波成分。

无源 PFC 电路有很多类型，下面介绍两种。

（1）由 PFC 电感器组成的无源 PFC 电路

有的开关电源中，在整流堆和滤波电容器之间加一只电感器来实现无源 PFC 电路，如图 4-54 所示。

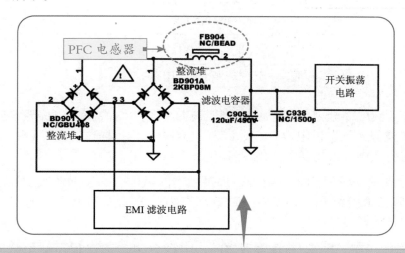

此电路中，利用电感上电流不能突变的特性来平滑电容充电强脉冲的波动，改善供电电路电流波形的畸变，并且在电感器上电压超前电流的特性也补偿滤波电容器电流超前电压的特性，使功率因数、电磁兼容和电磁干扰得以改善。

图 4-54　由 PFC 电感器组成的 PFC 电路

（2）由三只二极管和两只电容器组成的无源 PFC 电路

如图 4-55 所示为一个典型的无源 PFC 电路，它由二极管、电阻器、电容器和电感器等无源器件组成。

第一阶段：在交流电正半周的上升阶段时，由于 $U_{BR}$>$U_A$ 时，二极管 D610、D612 均导通，$U_{BR}$ 就沿着电容器 C631 → D612 → R911 → C632 的串联电路给 C631 和 C632 充电，同时向负载提供电流。其充电时间常数很小，充电速度很快。

第二阶段：当 $U_A$ 达到 $U_{AC}$（交流输入电压的峰值电压）时，电容器 C631、C632 上的总电压 $U_A$=$U_{AC}$；因电容器 C631、C632 的容量相等，故二者的压降均为 $U_{AC}$/2。此时二极管 D612 导通，而二极管 D611 和 D613 被反向偏置而截止。

第三阶段：当 $U_A$ 从 $U_{AC}$ 开始下降时，二极管 D612 截止，立即停止对电容器 C631 和 C632 充电。

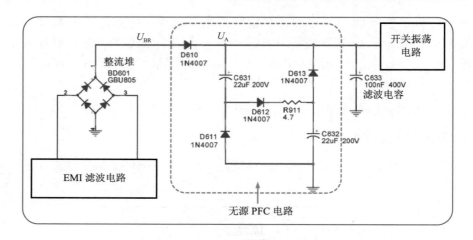

图 4-55　无源 PFC 电路

第四阶段：当 $U_A$ 降至 $U_{AC}/2$ 时，二极管 D610、D612 均截止，二极管 D611、D613 被正向偏置而变成导通状态，电容 C631、C632 上的电荷分别通过二极管 D613、D611 构成的并联电路进行放电，维持负载上的电流不变。

不难看出，从第一阶段到第三阶段，都是由电网供电，除了向负载提供电流，还在第一阶段至第二阶段给电容器 C631 和 C632 充电；仅在第四阶段由电容器 C631、C632 上储存的电荷给负载供电。

进入负半周后，在二极管 D610 导通之前，电容 C631、C632 仍可对负载进行并联放电，使负载电流基本保持恒定。综上所述，此无源 PFC 电路，能大幅度增加整流管的导通角，使之在正半周时的导通角扩展到 30°～150°，负半周时的导通角扩展到 210°～330°。这样，波形就从窄脉冲变为比较接近于正弦波。

2. 有源 PFC 电路

有源 PFC 电路是在开关电源的整流电路和滤波电容之间增加一个功率变换电路（DC-DC 斩波电路），将整流电路的输入电流校正成为与电网电压同相位的正弦波，消除可谐波和无功电流。

有源 PFC 电路基本上可以完全消除电流波形的畸变，而且电压和电流的相位可以控制保持一致，它可以基本上完全解决了功率因数、电磁兼容、电磁干扰的问题，但是电路非常复杂。

有源 PFC 电路一般由 PFC 电感、PFC 开关管、PFC 控制芯片、升压二极管、分压电阻等组成，如图 4-56 所示。

PFC 工作原理如下：

（1）当电源开始工作后，220V 输入电压经 EMI 滤波电路滤波，再经过整流堆 BD901 整流后一路送 PFC 电感 L910，另一路经 R910～R913 分压后送入 PFC 控制器

IC910 的第 3 脚，为输入电压的取样，用以调整控制信号的占空比，即改变 Q910 的导通和关断时间，稳定 PFC 输出电压。

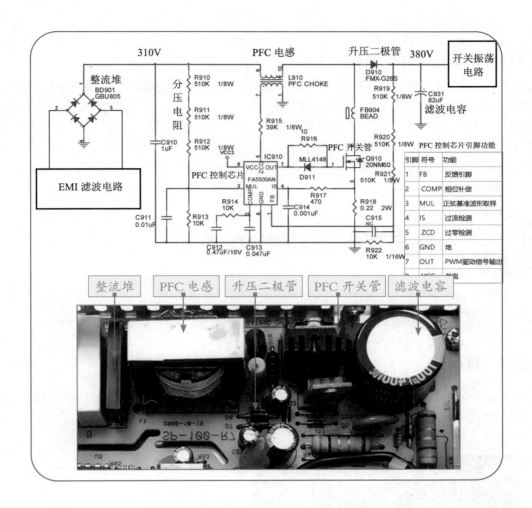

图 4-56　有源 PFC 电路

（2）L910 在 Q910 导通时储存能量，在 Q910 关断时释放能量。经升压二极管 D910 整流后，再经过滤波电容 C931 滤波后输出 380V 的 PFC 电压。PFC 电路输出的电压一路送到振荡电路，另一路经电阻器 R919、R920、R921 和 R922 分压后送入 IC910 的第 1 脚作为 PFC 输出电压的取样，用以调整控制信号的占空比，稳定 PFC 输出电压。

（3）L910 一次绕组 7-1 感应的脉冲经电阻器 R915 限流后加到 IC910 的第 5 脚零电流检测端，控制电路调整从第 7 脚输出的脉冲相位，从而控制 PFC 开关管 Q910 导通 / 截止时间，校正输出电压相位，减小 Q910 的损耗。

（4）整流滤波电路输出的脉动直流电压经 R910 ～ R912 降压后加到 IC910 的第 3 脚，为内部的误差放大器提供一个电压波形信号，与第 5 脚输入的过零检测信号一起，使第 7 脚输出的脉冲调制信号占空比随着 100Hz 电压波形信号改变，实现了电压波形与电流波形同相，防止 PFC 开关管 Q910 在脉冲的峰谷来临时处于导通状态而损坏。

（5）稳压控制电路：PFC 电路输出 380V 的电压，经 R919、R920 与 R921、R922 分压后，送到 IC910 第 1 脚内部的乘法器第二个输入端，经内部电路比较放大后，控制第 7 脚输出的脉冲，达到稳定输出电压的目的。

（6）过电流保护电路：IC910 的第 4 脚为开关管过电流保护检测输入脚，R918 是取样电阻，通过 R917 连接 IC910 内部电流比较器，对 PFC 开关管 Q910 的 S 极电流进行检测。正常工作时，Q910 的 S 极电流在 R918 上形成电压降很低，反馈到 IC910 第 4 脚的电压接近 0V。当某种原因导致 Q910 的 D 极电流增大时，则 R918 上的电压降增大，送到 IC910 第 4 脚的电压升高，内部过电流保护电路启动，关闭第 7 脚输出的驱动脉冲，PFC 电路停止工作。

## 4.5 开关电源电路常用维修方法

设备的开关电源电路常用的维修方法有很多，如测电阻法、测电压法等，下面详细介绍一些常用的维修方法。

### 4.5.1 观察法

观察法是电路板维修过程中最基本、最直接和最重要的一种方法，通过观察电路板的外观以及电路板上的元器件是否异常来检查故障，如图 4-57 所示。

在维修电路板时，首先观察电路板上的电容器是否有鼓包、漏液或严重损坏；电阻、电容器引脚或焊点是否有异常，表面是否烧焦；芯片是否开裂，电路板上的铜箔是否烧断；各个接口插头、插槽、插座是否歪斜；查看是否有金属导电物掉进电路板上的缝隙里。查看电路板上各条线路是否有短路、断路。

图 4-57　电路板中爆裂的电容器

### 4.5.2 测电压法

测量电压也是电路维修过程中常用且有效的方法之一。电子电路在正常工作时，电路中各点的工作电压表征了一定范围内元器件、电路工作的情况，当出现故障时电压必然发生改变。电压检查法运用万用表查出电压异常情况，并根据电压的变化情况和电路的工作原理做出推断，找出具体的故障原因。如图 4-58 所示为使用万用表检测元器件电压。

电压检查法的原理是：通过检测电路中某些测试点有无工作电压，电压是偏大还是偏小，判断产生电压变化的原因，这就是故障的原因。电路在正常工作时，各部分的工作电压值是唯一的，当电路出现开路、短路、元器件性能变化等情况，电压值必然会有相应的变化，电压检查法就是要检测到这种变化情况，然后加以分析。

图 4-58　使用万用表检测元器件电压

## 4.5.3　测电阻法

　　测量电阻是电路维修过程中常用的方法之一，它主要是通过测量元器件阻值大小的方法来大致判断芯片和电子元器件的好坏，以及判断电路中严重短路和断路的情况。短路和开路是电路故障的常见形式。短路通过阻值异常降低的方法判断，开路通过阻值异常升高的方法来判断。判断电路或元器件有否短路，粗略的办法是使用万用表蜂鸣挡。蜂鸣挡测试时有蜂鸣器可以发出声音（一般阻值小于 20Ω 时会发声）。如图 4-59 所示为用万用表测量电阻器。

一般小阻值元器件，如熔断器、线圈等可以通过蜂鸣挡来判断好坏，如果没有发出蜂鸣声，则是元器件可能出现断路故障。对于大功率三极管、MOS 管等元器件的故障多为短路，检测时，用万用表蜂鸣挡测量元器件引脚间的阻值，如果发出蜂鸣声，则出现短路故障。同样对于各组电源正、负极之间也要测量有无短路。对于各个集成芯片对电源端的短路问题，可以用万用表蜂鸣挡，测试各芯片引脚对电源的正、负端之间有无短路。在维修检测时，这些测试工作都是顺手而为，耗不了多少工夫。

图 4-59　用万用表测量电阻器

### 4.5.4 替换法

替换法就是用好的元器件去替换所怀疑有问题的元器件，若故障消失，说明判断正确，否则需要进一步检查、判断。用替换法可以检查电路板中所有元器件的好坏，并且结果一般都是正常无误的。

使用替换法时应注意以下几点：

（1）依照故障现象判断故障

根据故障的现象来判断是不是某一个部件引起的故障，从而考虑需要进行替换的部件或设备。

（2）按先简单后复杂的顺序进行替换

工业电路板的结构比较复杂，发生故障的原因也很多，在使用替换法检测故障而又不明确具体的故障原因时，要按照先简单后复杂的顺序进行测试。

（3）优先检测供电故障

首先检测怀疑有故障的部件的电源、信号线，其次替换怀疑有故障的部件，然后替换供电部件，最后替换与之相关的其他部件。

（4）重点检测故障率最高的部件

经常出现故障的部件应最先考虑。如果判断可能是由于某个部件所引起的故障，但又不敢肯定一定是这个部件的故障时，可以先用好的部件进行部件替换以便测试。

### 4.5.5 假负载法

所谓假负载，就是在脱开负载电路，在开关电源输出端加上假负载进行测试。这样，一方面可以区分故障在负载电路还是电源电路，另一方面因为开关管在截止期间，储存在开关变压器初级绕组的能量要二次释放，接上假负载可以消耗释放的能量。否则极易导致开关管被击穿。假负载一般选择 30~60W/12V 的灯泡，这样可以方便直观地根据灯泡的发光与否、发光的亮度是否有电压输出，以及输出电压的高低。

使用假负载维修时，场效应管的控制栅极不能悬空，可以断开源极供电或干脆将其拆下，待修复之后再装上，也可以用一小截导线将控制极与漏极连起来。

此外，还有诸如温升法、对比法等，不再一一细说。向用户询问显示器的使用过程、故障发生的时间及现象也是必不可少的。

### 4.5.6 串联灯泡法

串联灯泡法是指将一个 60W/220V 的灯泡串接在开关电源电路板熔断器的两端，然后通过灯泡亮度判断故障的方法，如图 4-60 所示。

当给串入灯泡的开关电源电路板通电后，由于灯泡有约 500Ω 的阻值，可以起到一定的限流作用，不至于立即使电路板中有短路的电路元器件烧坏。如果灯泡很亮，说明开关电源电路板有短路现象。接下来根据判断排除短路故障，排除时根据灯泡的亮度判断故障位置，如果故障排除，灯泡的亮度会变暗。最后，再更换熔断器即可。

图 4-60　串联灯泡法

### 4.5.7　短路法

短路法主要是通过短路某个元器件来判断故障范围。在判断开关电源电路电压过高故障时，可通过短路光电耦合器的光敏接收管的两脚（相当于减少光敏接收管的内阻），然后测量输出电压。如果输出电压仍未变化，则说明故障在光电耦合器之前的电路，即开关变压器的一次电路一侧；如果输出电压有变化，则故障在光电耦合器之前的电路。

另外，通常还用短路法模拟三极管的饱和与截止而采取的一种方法。具体测量方法为：用镊子将三极管的 b、e 结短路，三极管因 b、e 结短路必然截止。在某些电路中也可以将三极管的 c、e 结短路，模拟三极管的饱和，这种操作要求对电路熟悉。在开关电源电路中，尽量不要采用该方法，如电源开关管的 c、e 结千万不能短路。

### 4.5.8　清洗补焊法

清洗补焊法先用无水乙醇对开关电源电路板等进行清洗，去除电路板中的灰尘、污渍、霉斑、锈斑等物质后，再对电路板中可能被腐蚀或接触不良的地方进行补焊。因为开关电源电路在潮湿、灰尘、高温等环境下，会导致电路发生短路或形成一定的电阻值的导体，从而破坏电路的正常工作。

另外需要注意的是，在清洗完电路板等器件后，要用热风吹干电路板，然后才可以安装进行测试。

 ## 4.6　开关电源电路故障检修流程

开关电源电路故障检修流程图如图 4-61 所示。

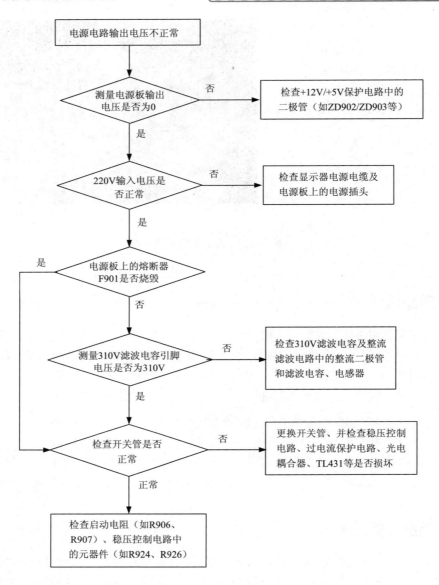

图4-61 开关电源电路故障检修流程图

## 4.7 易损元器件的检测

在检测开关电源的故障时，可能你会发现几个故障率较高的部件，如电容、电阻器或开关管等。在检测开关电源电路故障时，经常需要测量一些易坏部件，已排除好的元器件，找到故障元器件。下面总结一些易损元器件的检测方法。

## 4.7.1　整流二极管好坏检测

整流二极管主要用在桥式整流电路和次级整流滤波中，可以通过测量其压降或电阻值来判断好坏。如图 4-62 所示。

（即扫即看）

二极管符号

"SEL/REL" 按键

将万用表调到二极管挡。注意：有的万用表二极管挡和蜂鸣挡在一个挡位，需要用"SEL/REL"按键切换。调到二极管挡后，表的显示屏上会出现一个二极管的符号。

将红表笔接二极管的正极，黑表笔接二极管的负极，测量压降值。有灰白色环的一端为负极。

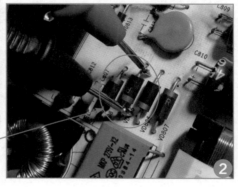

测量快恢复二极管时，黑表笔接中间引脚，红表笔分别接两边的引脚，测量压降值，正常为 0.4V 左右。

图 4-62　检测整流二极管

若测量的值为 0.6V 左右，说明整流二极管正常。否则说明损坏。

## 4.7.2 整流堆好坏检测

在有些开关电源中采用的是整流堆，整流堆内部包含 4 个整流二极管，其可以通过测量整流堆引脚电压值或测量整流堆内部二极管压降来判断好坏，如图 4-63 所示。

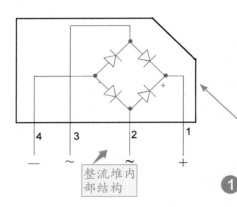

整流堆内部结构

首先将万用表调到二极管挡，将红表笔接整流堆的第 4 引脚，黑表笔分别接第 3 脚和第 2 脚，测量两个压降值；再将黑表笔接第 1 脚，红表笔分别接第 3 脚和第 2 脚，再次测量两个压降值。如果 4 次测量的压降值都在 0.6V 左右，说明整流堆正常。如果有一组值不正常，则整流堆损坏。

用数字万用表的交流电压 750V 挡，将黑表笔接整流堆的中间第 2 脚。将红表笔接整流堆的第 3 脚。测量两脚间的电压，正常应为 220V。如果此电压不正常，问题通常在前级电路。

将万用表调到直流电压 1 000 挡。红表笔接整流堆第 1 脚（正极引脚），黑表笔接第 4 脚（负极引脚），通电情况下测量电压，正常为 310V。如果第 2、3 脚的 220V 交流电压正常，而此处的 310V 电压不正常，就是整流堆损坏。

图 4-63　整流堆好坏检测

### 4.7.3 开关管好坏检测

（即扫即看）

在开关电源电路中，如果开关管损坏，电源就没有输出。开关管好坏检测方法如图 4-64 所示。

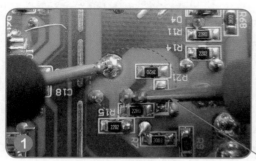

开关管发生故障时，一般都是被击穿。因此可以通过测量引脚间阻值来判断好坏。将数字万用表调到蜂鸣挡，然后用两支表笔分别测量三只引脚中的任意两只，如果测量的电阻值为 0，蜂鸣挡发出报警声，则说明开关管有问题。

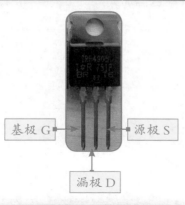

基极 G    源极 S

漏极 D

开关管

另外，也可以测量开关管源极（S）和漏极（D）之间的压降。将数字万用表调到二极管挡，然后红表笔接 S 极，黑表笔接漏极 D，测量压降值，正常值为 0.6V 左右。如果压降不正常，则开关管损坏。

图 4-64 检测开关管

## 4.7.4　PWM 控制芯片好坏检测

PWM 控制芯片好坏检测方法如图 4-65 所示（以 UC3842 为例）。

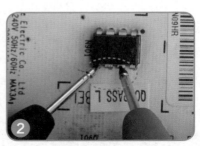

首先应判断开关电源的 PWM 芯片是否处在工作状态或已经损坏。判断方法为：加电测量 UC3842 的第 7 脚（VCC 工作电源）和第 8 脚（VREF 基准电压输出）对地电压，若测第 8 脚有 +5V 电压，第 1、2、4、6 脚也有不同的电压，则说明电路已起振，UC3842 基本正常。

若第 7 脚电压低（芯片启动后，第 7 脚电压由第 8 脚的恒流源提供），其余引脚无电压或不波动，则 UC3842 芯片可能损坏。断电的情况下，用万用表 20k 挡测量 UC3842 芯片第 6、7 脚，第 5、7 脚，第 1、7 脚阻值（一般在 10kΩ 左右）。如果阻值很小（几十欧）或为 0，则这几个引脚都对地击穿，更换 UC3842 芯片。

图 4-65　测量 PWM 控制器芯片好坏

## 4.7.5　TL431 精密稳压器好坏检测

在稳压电路中精密稳压器（如 TL431）有着非常重要的作用，如果损坏，通常会造成输出电压不正常。精密稳压器好坏判断方法如图 4-66 所示。

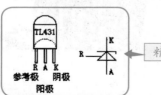

精密稳压器引脚

将数字万用表调到 20k 挡，将红表笔接精密稳压器的参考极 R，黑表笔接阴极 K，测得阻值正常为无穷大；互换表笔测得阻值正常为 11kΩ 左右。

将红表笔接精密稳压器的阳极 A，黑表笔接阴极 K，测得阻值正常为无穷大；互换表笔测得阻值正常为 8kΩ 左右。

图 4-66　测量精密稳压器

### 4.7.6 光电耦合器好坏检测

光电耦合器是否出现故障，可以按照内部二极管和三极管的正、反向电阻来确定。如果需要使用万用表进行检测可以参照下面的方法。如图 4-67 所示为光电耦合器内部结构图。

（即扫即看）

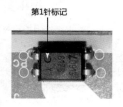 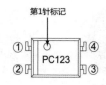 

① 阳极
② 阴极
③ 发射极
④ 集电极

图 4-67 光电耦合器内部结构图

（1）将万用表调至 R×1k 电阻挡。

（2）两支表笔分别接在光电耦合器的输出端第 3、4 脚，然后用一节 1.5V 的电池与另一只 50～100Ω 的电阻串接，如图 4-68 所示。

（3）串接完成后，电池的正端接光电耦合器的第 1 脚，负极接第 2 脚，这时观察输出端万用表指针的偏转情况。

（4）如果指针摆动，说明光电耦合器是好的；如果不摆动，说明已经损坏。万用表指针摆动偏转角度越大，说明光电转换灵敏度越高。

用指针万用表的 R×1K 挡，将红表笔接光电耦合器的第 3 脚。将黑表笔接光电耦合器的第 4 引脚。观察指针变化。

光电耦合器的引脚中，有圆圈的为第 1 脚标志。

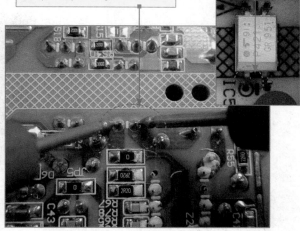

图 4-68 测量光电耦合器

## 4.8 实战检测——开关电源电路常见故障维修

由于开关电源通常工作在大电流、高电压、高温等环境中，因此其出现故障的概率很高。在各种工控设备出现故障后，通常先检查供电是否正常，不正常就需要重点检查开关电源电路的各个元器件。

## 4.8.1 开关电源电路无输出故障维修 ○

**1** **断电情况下检测**

检查方法如图 4-69 所示。

（即扫即看）

先检查在断电状态下有无明显的短路、元器件损坏故障。打开电源的外壳，检查熔断丝是否熔断，再观察电源的内部情况，如果发现电源的印刷电路板上元器件破裂，则应重点检查此元器件，一般来讲，这是出现故障的主要原因；闻电源内部是否有糊味，检查是否有烧焦的元器件；问电源损坏的经过，是否对电源进行违规的操作，这一点对于维修任何设备都是必需的。

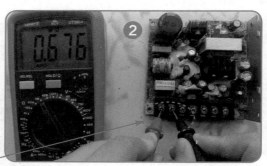

用万用表 2M 欧姆挡测量 AC 电源线两端的正、反向电阻，正常时其阻值应能达到 100kΩ 以上；如果电阻值过低，说明电源内部存在短路，应重点检查 310V 电容器、开关管等。

然后拆下直流输出部分负载进行检查，分别测量各组输出端的对地电阻（用数字万用表的二极管挡，红表笔接地，黑表笔接供电引脚测量），如果阻值为 0 或很低，则开关电源电路中有短路的元器件，如整流二极管反向击穿等。

图 4-69 断电检测开关电源电路

**2** **在加电情况下检测**

加电检测方法如图 4-70 所示。

通电后观察电源是否有烧熔断器及个别元器件冒烟等现象，若有要及时切断供电进行检修。测量高压滤波电容器两端有无 310V 直流电压输出，若无应重点查整流滤波电路中的整流二极管、滤波电容器等。

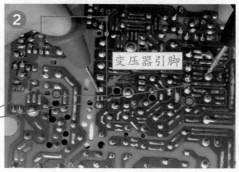

测量高频变压器次级线圈有无输出电压，若无应重点查开关管是否损坏，是否起振，保护电路是否动作等；若有则应重点检查各输出侧的整流二极管、滤波电容器、三通稳压管等。

如果电源启动一下就停止，则该电源处于保护状态下，可直接测量 PWM 芯片保护输入脚的电压，如果电压超出规定值，则说明电源处于保护状态下，应重点检查产生保护等原因。重点检查光电耦合器、TL431 及电阻器等元器件。

图 4-70 加电检测

## 4.8.2 开关电源熔断丝熔断故障维修

一般情况下，熔断丝熔断说明开关电源的内部电路存在短路或过电流的故障。由于开关电源工作在高电压、大电流的状态下，直流滤波和变换振荡电路在高压状态工作时间太长，电压变化相对大。电网电压的波动、浪涌都会引起电源内电流瞬间增大而使熔断丝熔断。重点应检查电源输入端的整流二极管、高压滤波电解电容、开关功率管、PWM 控制芯片本身及外围元器件等，检查这些元器件有无击穿、开路、损坏、烧焦、炸裂等现象。

故障维修方法如图 4-71 所示。

首先仔细查看电路板上面的各个元器件，看这些元器件的外表有没有被烧糊，有没有电解液溢出，闻一闻有没有异味。经看、闻之后，再用万用表进行检查。

测量电源输入端的电阻值，若阻值很小只有几百欧或几千欧（正常 100kΩ 以上），则说明后端有局部短路现象，然后分别测量四只整流二极管正、反向电阻和两个限流电阻的阻值，看其有无短路或烧坏。

然后再测量电源滤波电容器是否能进行正常充、放电，再测量一下开关功率管是否击穿损坏，以及 PWM 芯片本身及周围元器件是否击穿、烧坏等。需要说明的是：因为在路测量，有可能会使测量结果有误，造成误判。因此必要时把可疑元器件焊下来再进行测量。如果仍然没有上述情况，则测量输入电源线及输出电源线是否内部短路。一般情况下，熔断器熔断故障，整流二极管、电源滤波电容、开关管、PWM 控制芯片是易损元器件，损坏的概率可达 95% 以上，一般着重检查这些元器件，就可以很容易排除此类故障。

图 4-71　开关电源熔断丝熔断故障检测方法

### 4.8.3　电源负载能力差故障维修

电源负载能力差是一个常见的故障，一般都是出现在老式或是工作时间长的开关电源电路中，主要原因是各元器件老化、开关管工作不稳定、没有及时进行散热等。此外还有稳压二极管发热漏电、整流二极管损坏等。

故障维修方法如图 4-72 所示。

先仔细检查电路板上的所有焊点是否开焊、虚接等。如果有，把开焊的焊点重新焊牢。

再用万用表着重检查稳压二极管、高压滤波电容器、限流电阻器有无变质等，并更换变质的元器件，一般故障即可排除。

图 4-72　电源负载能力差故障检修方法

### 4.8.4　有直流电压输出但输出电压过高故障维修

该故障往往来自稳压取样和稳压控制电路。在开关电源中，直流输出、取样电阻、误差取样放大器（如 LM324, LM358 等）、光电耦合器、电源控制芯片等电路共同构成了一个闭合的控制环路，任何一处出问题都会导致输出电压升高。

故障维修方法如图 4-73 所示。

（即扫即看）

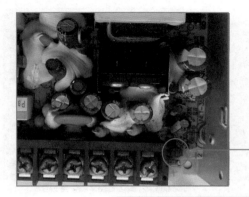

由于开关电源中有过电压保护电路，输出电压过高首先会使过电压保护电路动作。因此对于这种故障的维修，应重点检查过电压保护电路中的取样电阻是否变质或损坏，精密稳压放大器（TL431）或光电耦合器是否性能不良、变质或损坏。

图 4-73　输出电压过高故障维修

## 4.8.5 有直流电压输出但输出直流电压过低故障维修

根据维修经验可知，除稳压控制电路故障会引起输出电压过低外，还可能是电路中的电容、电阻器等元器件性能不良引起的。此故障的维修方法如图4-74所示。

（即扫即看）

电网电压是否过低。虽然开关电源在低压下仍然可以输出额定的电压值，但当电网电压低于开关电源的最低电压限定值时，也会使输出电压过低。

测量稳压电路中的精密稳压器、光电耦合器等元器件是否性能不良或损坏，如通过测量精密稳压器引脚间的电阻值。

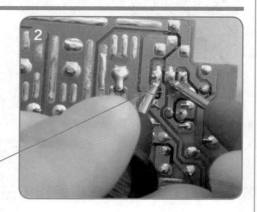

开关电源负载有短路故障。此时应断开开关电源电路的所有负载测量输出电压，若断开负载电路电压输出正常，说明是负载过重；若仍不正常，说明开关电源电路有故障。

输出电压端整流二极管、滤波电容器损坏或性能下降等会导致输出电压低，可以通过代换法进行判断。

图4-74 输出直流电压过低故障维修

开关管性能下降会使开关管导通截止不正常，使开关电源内阻增加，带负载能力下降，导致输出电压过低。可以用代换法检测开关管性能。

开关功率管的源极（S 极），通常接一个阻值很小但功率很大的电阻，作为电过电流保护检测电阻，此电阻的阻值一般为 0.2 ~ 0.8。此电阻如变质或开焊，接触不良也会造成输出电压过低的故障。测量时用万用表欧姆 200 挡测量。

高频变压器不良，不但造成输出电压下降，还会造成开关功率管激励不足从而屡损开关功率管。可以通过测量变压器绝缘性检测来判断。测量时将数字万用表调到欧姆 200k 挡，两支表笔接变压器两极的引脚测量。

310V 直流滤波电容器不良，会造成电源带负载能力差，一接负载输出电压就下降。可以通过测量滤波电容器引脚的电压值来判断其好坏。

电源输出线接触不良，有一定的接触电阻，会造成输出电压过低，注意检查输出线。

图 4-74　输出直流电压过低故障维修（续）

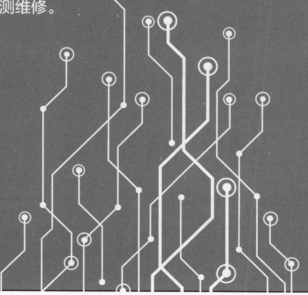

# 第**5**章

# DC/DC 开关电源电路
# 故障分析与检测实战

DC/DC 开关电源电路是指直流－直流变换电路，它是通过控制开关管的开通与关断的时间比率，维持稳定输出电压的一种电源。DC/DC 开关电源电路在设备电路中非常重要，本章重点讲解 DC/DC 开关电源的电路结构、工作原理及检测维修。

**DC/DC 开关电源电路常见拓扑结构原理**

要理解 DC/DC 开关电源的工作原理，首先要了解开关电源的三种基本拓扑：降压式（Buck）开关电源、升压式（Boost）开关电源、升压 / 降压式（Buck/Boost）开关电源及 Buck 与 Boost 组合开关电源。

## 5.1.1 降压式（Buck）开关电源

降压式（Buck）电路也称降压式变换器，是一种输出电压小于输入电压的单管不隔离直流变换器，如图 5-1 所示。

（1）Q 为开关管，其驱动电压一般为 PWM 驱动信号，电感器 L 和电容器 C 组成低通滤波器。

（2）当开关管 Q 驱动电压为高电平时，开关管 Q 导通，输入电源 $V_i$ 通过储能电感器 L 对电容器 C 进行充电，电能储存在电感器 L 的同时也为外接负载 R 提供电能。

（3）当开关管 Q 驱动电压为低电平时，开关管关断，由于流过电感 L 的电流不能突变，电感器 L 通过二极管 VD 形成导通回路（二极管 VD 也因此称为续流二极管），从而对输出负载 R 提供电能，此时此刻，电容器 C 也对负载 R 放电提供电能。

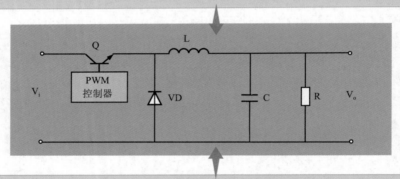

（4）通过控制开关管 Q 的导通时间（占空比）即可控制输出电压的大小（平均值），当控制信号的占空比越大时，输出电压的瞬间峰值越大，则输出平均值越大；反之，输出电压平均值越小。

图 5-1 降压式（Buck）电路

## 5.1.2 升压式（Boost）开关电源

升压式（Boost）电路也称升压变换器，它是一种常见的开关直流升压电路，它通过开关管导通和关断来控制电感储存和释放能量，从而使输出电压比输入电压高。如图 5-2 所示为升压式（Boost）电路。

（1）当开关管 Q 驱动电压为高电平时，开关管 Q 导通，这时输入电源 $V_i$ 流过电感器 L，将电能储存在电感器 L 中，同时，电源流过二极管 VD 对电容器 C 进行充电。在这个过程中，二极管 VD 反偏截止，由电容器 C 给负载提供能量，负载靠储存在电容器 C 中的能量维持工作。

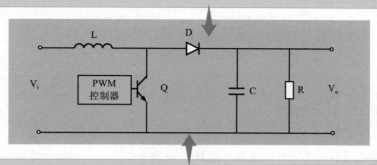

（2）当开关管断开时，由于电感器的电流不能突变，也就是说流经电感器 L 的电流不会马上变为零，而是缓慢地由充电完毕时的值变为零，这需要一个过程，而原来的电路回路已经断开，于是电感器只能通过新电路放电，即电感器开始给电容器 C 充电，电容器两端电压升高，此时电压已经高于输入电压。如果电容器 C 电容量足够大，那么在输出端就可以在放电过程中保持一个持续的电流。如果这个通 / 断的过程不断重复，就可以在电容器两端得到高于输入电压的电压。

（3）实际上升压过程就是一个电感器的能量传递过程。充电时，电感器 L 吸收能量，放电时电感器 L 放出能量。

图 5-2　升压式（Boost）电路工作原理

## 5.1.3　升压 / 降压式（Buck/Boost）开关电源

升压 / 降压式（Buck/Boost）电路也称升降压式变换器，是一种输出电压既可低于也可高于输入电压的单管不隔离直流变换器，但它的输出电压的极性与输入电压相反。Buck/Boost 电路可以看作是 Buck（降压式）电路和 Boost（升压式）电路串联而成，合并了开关管。如图 5-3 所示为升压 / 降压式（Buck/Boost）电路。

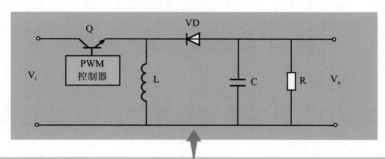

（1）当开关管 Q 接通时，输入电压 $V_i$ 流过电感器 L，电感器 L 电流线性增加，将电能储存在电感器中；在此过程中，由电容器 C 给负载提供能量，负载靠储存在电容器 C 中的能量维持工作

（2）当开关管 Q 关闭时，电感器 L 电流减小，电感器 L 两端电压极性反转，且其电流同时提供输出电容器 C 电流和输出负载 R 电流。根据电流流向可知，输出电压为负，即与输入电压极性相反。因为输出电压为负，因此电感器电流是减小的，而且由于加载电压必须是常数，所以电感器电流线性减小。

图 5-3　升压 / 降压式（Buck/Boost）电路

## 5.1.4　Buck 与 Boost 组合开关电源

如果将 Buck 与 Boost 式开关电源两者相结合，会得到什么样的电路呢？如图 5-4 所示。根据不同的控制，这个电路既可以让电源从高压降到低压，也可以将低压升到高压。注意：两个 MOS 管不能同时导通，否则将会发生短路，运行时通过 PWM 控制器同时控制两个 MOS 开关管轮流导通和截止。

（1）$Q_1$ 和 $Q_2$ 为 MOS 开关管，其驱动电压一般为 PWM 驱动信号，电感器 L 和电容器 C 组成低通滤波器。

（2）当开关管 $Q_1$ 驱动电压为高电平，$Q_2$ 驱动电压为低电平时，开关管 $Q_1$ 导通，$Q_2$ 截止，输入电源 $V_i$ 通过开关管 $Q_1$、二极管 $VD_1$、储能电感器 L 对电容器 C 进行充电，电能储存在电感器 L 的同时也为外接负载 R 提供电能。

（3）当开关管 $Q_1$ 驱动电压为低电平，$Q_2$ 驱动电压为高电平时，开关管 $Q_1$ 截止，$Q_2$ 导通，由于流过电感器 L 的电流不能突变，电感器 L 通过开关管 $Q_2$ 和 $VD_2$ 形成导通回路，从而对输出负载 R 提供电能，此时此刻，电容器 C 也对负载 R 放电提供电能。

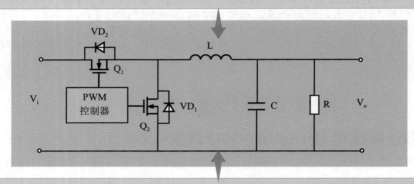

（4）通过控制开关管 $Q_1$ 和 $Q_2$ 的导通时间（占空比）即可控制输出电压的大小（平均值），当控制信号的占空比越大时，输出电压的瞬间峰值越大，则输出平均值越大；反之，输出电压平均值越小。

图 5-4　Buck 与 Boost 组合开关电源

# 5.2　DC/DC 开关电源电路的原理及常见电路

## 5.2.1　看图说话：DC/DC 开关电源电路

DC/DC 开关电源一般由 PWM（脉冲宽度调制）控制芯片和 MOSFET 开关管、电感器、电容器、电阻器等构成。如图 5-5 所示为 DC/DC 开关电源电路。

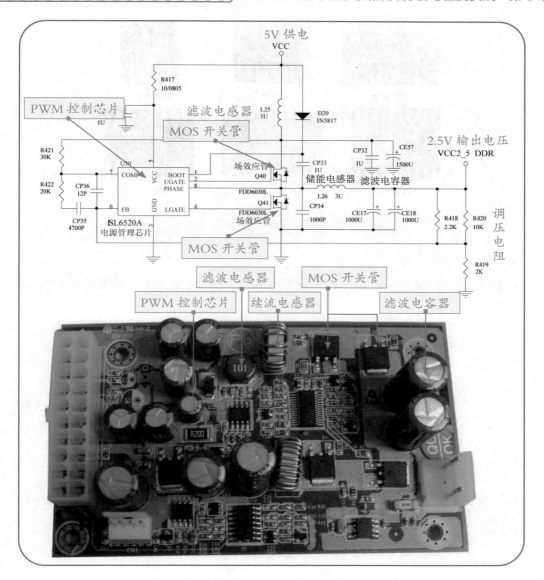

图 5-5 DC/DC 开关电源电路

## 1. PWM 控制芯片

PWM 是脉宽调制的意思，用来控制和调节占空比的芯片。PWM 控制芯片的作用是输出开关管的控制驱动信号，驱动控制开关管导通和截止。然后通过将输出直流电压取样，来控制开关管开通和关断的时间比率，从而维持稳定输出电压。如图 5-6 所示为 PWM 控制芯片。

HIP6301

HIP6302

HIP6601

RT9241

SC1189

RC5057

图 5-6　PWM 控制芯片

2. 电感线圈

电感线圈是由导线在铁氧体磁心环或磁棒上绕制数圈而成，有线圈式、直立式和固态式等几种，如图 5-7 所示。

线圈式　　　　直立式　　　　固态式

一般 DC/DC 开关电源电路中的电感线圈主要包括两种，一种用来对电流进行滤波，称为滤波电感器；另一种电感线圈用来储能，它和开关管、电容器配合使用。另外，根据线圈蓄能的特点，实际电路中通常利用电感器和电容器组成低通滤波系统，过滤供电电路中的高频杂波，以便向电路提供干净的供电电流。

图 5-7　电感线圈

3. 滤波电容器

DC/DC 电源电路中的电容器一般采用电解电容，如图 5-8 所示。

在电路中，电容器具有"隔直通交"特性，它的作用包括以下几方面：一是滤波，大部分都用在直流转换之后的滤波电路中，利用其充、放电特性，在储能电感器的配合下，将脉冲直流电转换为较为平滑的直流电。一般来说，大容量电容器适用于滤除低频杂波，而小容量电容器滤除较高频杂波的效果比较好；二是信号去耦，防止信号在电路间串扰；三是信号耦合，用于对两个电路的直流电位进行隔离时使信号在电路间传送。

图 5-8　滤波电容器

#### 4. MOSFET 管

MOSFET 管全称为金属 - 氧化物半导体场效应晶体管，即 MOS 管。它具有开关速度极快、内阻小、输入阻抗高、驱动电流小（0.1μA 左右）、热稳定性好、工作电流大、能够进行简单并联等特点，非常适合作为开关管使用，如图 5-9 所示。

MOSFET 管在供电电路中的作用是：在 PWM 控制芯片的脉冲信号的驱动下，不断地导通与截止，然后将电能储存在电感器中，并释放给负载。在 DC/DC 电源电路中，场效应管的性能和数量通常决定了供电电路的性能。

图 5-9  MOSFET 管

### 5.2.2  DC/DC 开关电源工作原理

如图 5-10 所示的 DC/DC 开关电源电路中，U14 为 PWM 控制芯片，UGATE 引脚为高端门驱动脉冲输出端，连接场效应管 Q15，通过向场效应管发送驱动脉冲控制信号控制场效应管的导通与截止；LGATE 引脚为低端门驱动脉冲输出端，连接场效应管 Q17，通过向场效应管发送驱动脉冲控制信号控制场效应管的导通与截止。

DC/DC 开关电源电路的工作原理如下：

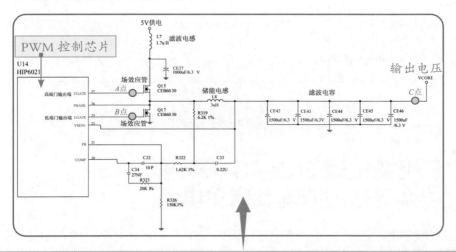

（1）PWM 控制芯片开始工作，从 UGATE 引脚和 LGATE 引脚分别输出 3 ~ 5V 且互为反相的驱动脉冲控制信号（UGATE 引脚输出高电平时，LGATE 引脚输出低电平，或相反），这样将使场效应管 Q15 和 Q17 分别导通。

图 5-10  各个时刻不同地点的电压波形

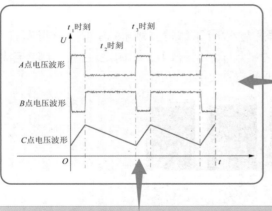

（3）当 $t_1$ 时刻结束，进入 $t_2$ 时刻时，PWM 控制芯片的 UGATE 引脚输出低电平控制信号，LGATE 引脚输出高电平控制信号。这时 MOS 管 Q15 截止，Q17 导通。由于 MOS 管 Q17 的 S 极接地，Q17 将 Q15 送来的多余的电量以电流的形式对地释放，从而保证输出的供电电压的幅值。同时储能电感器 L8 和滤波电容器 CE42 ～ CE46 开始放电。储能电感器 L8 和滤波电容器 CE42 ～ CE46 组成的低通滤波系统通过滤波输出较平滑的纯净电流。

（2）$t_1$ 时刻时，PWM 控制芯片的 UGATE 引脚输出高电平控制信号给 MOS 管 Q15 的 G 极（图中的 A 点电压波形），LGATE 引脚输出低电平控制信号给 MOS 管 Q17 的 G 极（如图 5-10 中的 B 点电压波形）。这时 Q15 导通，Q17 截止，电流通过滤波电感器 L7 流入储能电感器 L8，并输出供电电压。同时，PWM 控制芯片的电压反馈端（FB 和 COMP）会将输出的供电电压反馈给 PWM 控制芯片同标准电压作比较。如果输出电压与标准电压不相同（误差在 7% 以内视为正常），PWM 控制芯片将调整 UGATE 引脚和 LGATE 引脚输出的方波的幅宽，调整输出的供电电压，直到与标准电压一致（MOS 管 Q15 导通的时间长短，将影响 S 极的电压高低，时间越长，电压越高）。供电电路在给负载供电的同时，还会给储能电感器 L8 和滤波电容器 CE42 ～ CE46 充电。

图 5-10 各个时刻不同地点的电压波形（续）

在 $t_2$ 时刻结束后，进入 $t_3$ 时刻，又重复 $t_1$ 时刻的工作。图 5-11 所示为输出的供电电压的完整电压波形。

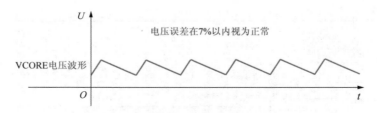

图 5-11 输出电压的完整电压波形

## 5.3 电脑主板 DC/DC 开关电源电路的原理及常见电路

电脑主板中的 DC/DC 开关电源电路较多，如 CPU 供电电路、内存供电电路、芯片组供电电路等，一般都采用 DC/DC 开关电源电路进行供电，它们的工作原理类似。下面以 CPU 供电电路为例进行讲解。

### 5.3.1 看图说话：CPU 供电电路的组成

主板中 CPU 供电电路主要由 PWM 控制芯片、电感线圈、MOSFET 管（场效应管或

MOS 管）和电解电容等元器件组成，如图 5-12 所示。

滤波电感器　从电源管理芯片　场效应管

主电源管理芯片

滤波电容器

滤波电容器

储能电感器

图 5-12　CPU 供电电路

## 5.3.2　CPU 供电电路的工作机制原理

CPU 供电电路通常采用 DC/DC 开关电源方式供电，即由 PWM 控制芯片根据 CPU 工作电压需求，向连接的 MOS 管发出脉冲控制信号，控制 MOS 管的导通和截止，将电能储存在电感器中，然后通过电容器滤波后向 CPU 输出工作电压。

CPU 供电的基本原理如图 5-13 所示。当电脑开机后，PWM 控制芯片在获得 ATX 电源输出的 +5V 或 +12V 供电后，为 CPU 提供电压，然后 CPU 电压自动识别引脚发出电压识别信号 VID 给 PWM 控制芯片。PWM 控制芯片再根据 CPU 的 VID 电压，发出驱动控制信号，控制

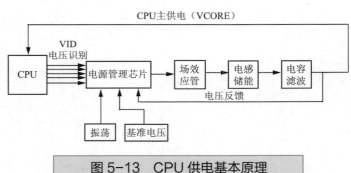

图 5-13　CPU 供电基本原理

两个 MOS 管导通的顺序和频率，使其输出的电压与电流达到 CPU 核心供电要求，为 CPU 提供工作需要的供电。

以上供电原理是所有主板最基本的供电原理。在实际的主板中，根据不同型号 CPU 工作的需要，CPU 的供电方式又分为许多种，如四相 / 六相 / 八相 / 十相 / 十二相 / 十六相供电电路等。

## 5.3.3　CPU 供电电路的工作原理

主板 CPU 供电电路中的四相 / 六相 / 八相 / 十相 / 十二相 / 十六相供电电路工作原理基本相同，下面以六相供电电路为例讲解，图 5-14 所示。

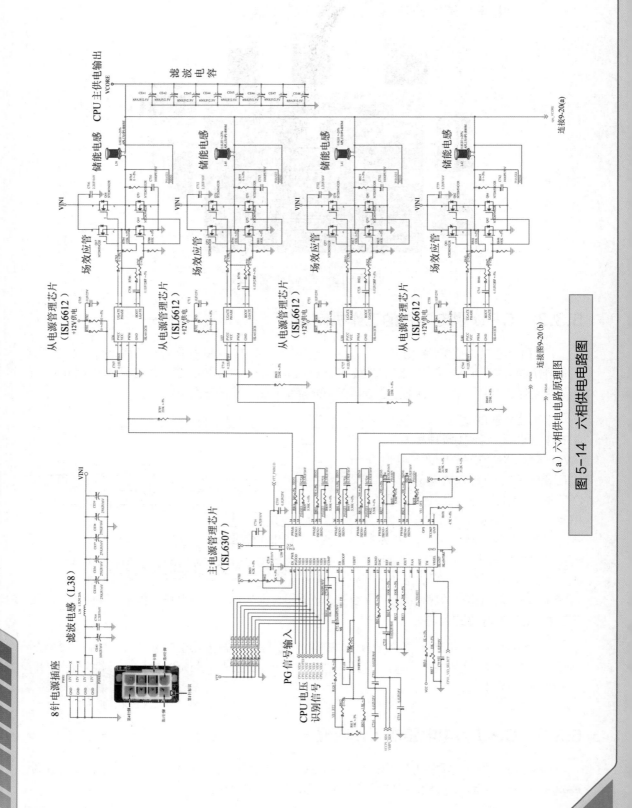

（a）六相供电电路原理图

图 5-14 六相供电电路图

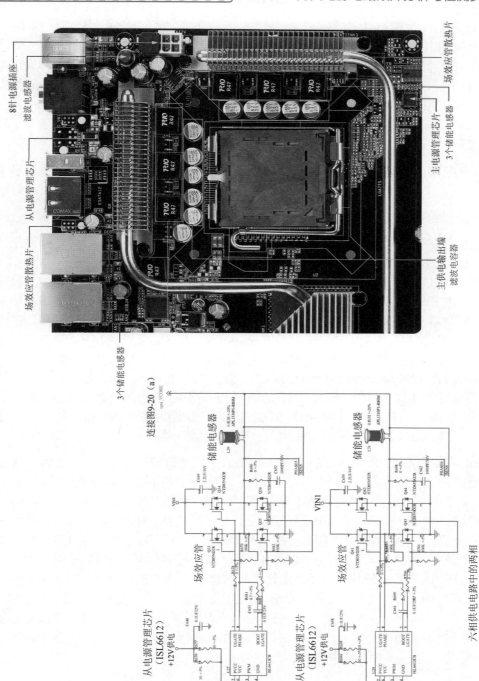

（b）六相供电电路实物图

图 5-14　六相供电电路图（续）

图 5-14 所示的六相供电电路由 ISL6307+6 个 ISL6612 共同组成。其中，ISL6307 为主 PWM 控制芯片，此芯片有 48 个引脚，可支持两、三、四、五、六相供电，支持 VRM9.0 规范。它通常搭配 ISL6612 作为从 PWM 控制芯片。在六相供电电路中，为了减轻场效应管的负担，通常在每个从 PWM 控制芯片的高端门输出端和低端门输出端配备三四个 MOS 管，图 5-14 中就配备了 4 个 MOS 管，六相供电共 24 个 MOS 管工作。这样极大地提高了供电电路的稳定性。六相供电电路中配备了 1 个滤波电感器（L38）和 6 个储能电感器（L29、L31、L40 ~ L43）。

六相供电电路的相位差的大小为 60°，而四相和八相供电电路的相位差分别为 90° 和 45°。

六相供电电路的工作原理如下：

（1）当按下开关键并松开后，ATX 电源开始向主板供电，然后 ATX 电源输出的 +12V 电压通过滤波电容器滤波后接到从 PWM 控制芯片（U27、U29、U36、U37、U39 和 U40）的 VCC 引脚为 PWM 控制芯片供电。而 ATX 电源输出的 +5V 电压通过滤波电容器滤波后为主 PWM 控制芯片供电。同时，8 针电源插座的 +12V 电压通过滤波电感器 L38 及滤波电容器 CE36 ~ CE39 等滤波后分成六路，第一路连接到 MOS 管 Q67 和 Q68 的 D 极，为其提供 +12V 供电电压；第二路连接到 MOS 管 Q73 和 Q74 的 D 极，为其提供 +12V 供电电压；第三路连接到 MOS 管 Q77 和 Q78 的 D 极，为其提供 +12V 供电电压；第四路连接到 MOS 管 Q81 和 Q82 的 D 极，为其提供 +12V 供电电压；第五路连接到 MOS 管 Q33 和 Q34 的 D 极，为其提供 +12V 供电电压；第六路连接到 MOS 管 Q41 和 Q42 的 D 极，为其提供 +12V 供电电压。同时 CPU 通过主 PWM 控制芯片 U38 的 VID0 ~ VID7 引脚向主 PWM 控制芯片输出 VID 电压识别信号。

（2）在 ATX 电源启动 500ms 后，ATX 电源的第 8 脚输出 PG 信号，此信号经过处理后通过主 PWM 控制芯片的 PGOOD 引脚被送到主 PWM 控制芯片的内部电路，使 PWM 控制芯片复位。然后主 PWM 控制芯片 U38 开始工作，从 PWM1、PWM2、PWM3、PWM4、PWM5 和 PWM6 引脚分别输出六路驱动脉冲控制信号到从 PWM 控制芯片（ISL6612），从 PWM 控制芯片收到 PWM 信号后开始工作。从 UGATE 引脚和 LGATE 引脚分别输出 3 ~ 5V 且互为反相的驱动脉冲控制信号（UGATE 引脚输出高电平时，LGATE 引脚输出低电平，或相反），这样将使 MOS 管 Q67、Q68 和 Q69、Q70，Q73、Q74 和 Q75、Q76，Q77、Q78 和 Q79、Q80，Q81、Q82 和 Q83、Q84，Q33、Q34 和 Q35、Q36，Q41、Q42 和 Q43、Q44 分别导通与截止，并通过储能电感器和滤波电容器输出平滑的纯净电流。最后这六相供电相互叠加，并经过滤波电容器滤波后，输出更大、更为平滑的纯净电流，为 CPU 供电。

## 5.3.4 看图说话：内存供电电路的组成

内存供电电路按照供电方式主要包括两种方式：一种为采用低压差线性调压芯片组成的调压电路进行供电，调压电路组成的内存供电电路主要由运算放大器、稳压器、场效应管、电阻器、电容器等；另一种为采用 DC/DC 开关电源组成的供电方式，采用这种方式的供电电路主要由专用内存 PWM 控制芯片、电感器、MOS 管、滤波电容器等构成，如图 5-15 所示。

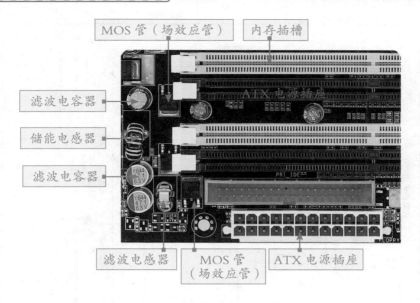

图 5-15　内存电路的基本结构

## 5.3.5　内存供电电路的工作原理

如图 5-16 所示为主板内存供电电路。内存供电电路中 ISL6312CRZ（U125）为 PWM 控制芯片，该芯片共有 49 个引脚，其中 VCC 引脚为工作电压输入端；UGATE 引脚为高端门驱动信号输出端，LGATE 引脚为低端门驱动信号输出端，UGATE 和 LGATE 连接场效应管，PWM 控制芯片通过输出两路互为相反的脉冲信号，驱动各个场效应管的导通和截止。从而为内存提供 1.5V 的供电电压。

内存供电电路的工作原理如下：

（1）当按下开关按键并松开后 ATX 电源就通过 MOS 管 Q469 输出 +5V 待机电压到 PWM 控制芯片 U125，同时还输出 +5V 双路供电电压为各 MOS 管供电。PWM 控制芯片 U125 得到工作电压后，内部振荡器开始振荡，从各个 UGATE 和 LGATE 引脚输出两路反相的 PWM 波形信号，连接到 MOS 管 Q470、Q471、Q472、Q474 等，控制 MOS 管 Q470、Q471、Q472、Q474 的导通与截止。

（2）当 UGATE1 端输出高电平控制信号时，与之相连接的 Q470 处于导通状态，LGATE1 端输出低电平控制信号，MOS 管 Q471 处于截止状态。

（3）同理，当 UGATE2 端输出高电平控制信号时，LGATE2 输出低电平控制信号，此时 Q472 导通，Q474 截止。

（4）当 PWM 控制芯片内部振荡器开始振荡后，LGATE1 和 LGATE2 输出高电平控制信号，UGATE1 和 UGATE2 输出低电平信号，此时 MOS 管 Q471 和 Q474 被导通，Q470 和 Q472 处于截止状态，开始输出供电电压，此时储能电感器 L30 和 L31 开始输出电压，经过滤波电容器滤波后，为内存输出平滑稳定的 1.5V 供电电压。

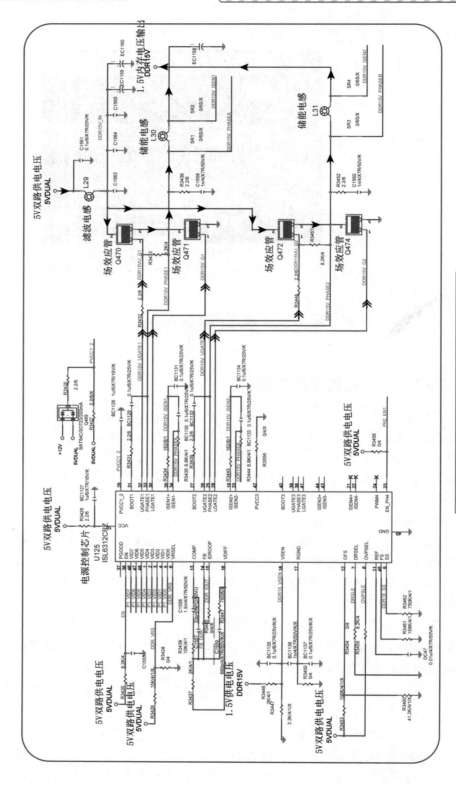

图 5-16　DDR3 内存供电电路

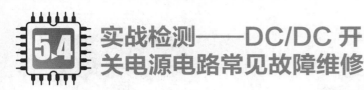

## 5.4 实战检测——DC/DC 开关电源电路常见故障维修

### 5.4.1 DC/DC 开关电源电路故障诊断流程

在检修 DC/DC 开关电源电路故障时，应首先查看供电电路中的主要电子元器件是否存在开焊、虚焊、烧焦、裂痕或脱落等明显的物理损坏。如果存在明显的物理损坏，应首先更换或修复这些电子元器件，再进行下一步的检修操作。

（即扫即看）

DC/DC 开关电源电路故障检修流程图，如图 5-17 所示。

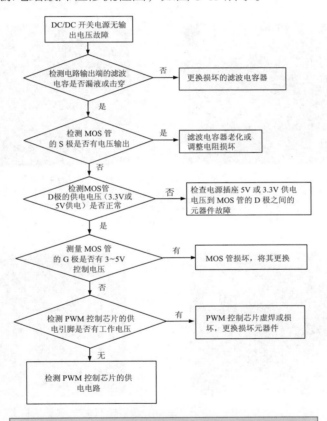

图 5-17 DC/DC 开关电源电路故障检修流程图

### 5.4.2 DC/DC 开关电源电路故障检测维修方法

DC/DC 开关电源电路的易损部件包括 MOS 管、滤波电容器、电感器、PWM 控制器和电阻器等电子元器件组成。一般发生故障较多的也是这几个部分引起，在检测 DC/DC 开关电源电路故障时，先对这几个元器件进行重点检测。

DC/DC 开关电源电路故障检测维修方法如图 5-18 所示。

在检修 DC/DC 开关电源电路故障时，应首先查看供电电路中的主要电子元器件是否存在开焊、虚焊、烧焦、裂痕或脱落等明显的物理损坏。如果存在明显的物理损坏，应首先更换或修复这些电子元器件，再进行下一步的检修操作。

如果电路中的电子元器件没有明显的物理损坏，但是供电电路没有输出供电，或输出的供电异常，应首先检测 DC/DC 开关电源电路"上管"的供电电压是否正常。即上面一个MOS 管的供电电压，一般有 12V 或 5V 电压。

用万用表检测 PWM 控制芯片的 VCC 供电端。将万用表量程调至直流 20V 电压挡，黑表笔接地，红表笔检测 VCC 引脚，正常时能测到 +3.3V 的供电电压。

检测其上级供电电路和电路开启信号（如 PGOOD 信号）是否存在问题。将万用表的黑表笔接地，红表笔接 PWM 控制芯片的 PGOOD 引脚。正常情况下，开机时，有3~5V 复位电压。

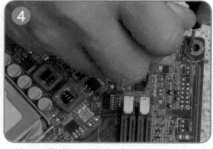

检测 DC/DC 开关电源电路中的场效应管是否正常。将万用表调至二极管挡，用两表笔任意接场效应管的两只引脚，好的场效应管只能测量出一次读数，并在 400 ~ 800Ω。如果读数为"0"时，或测出两次结果，须用小镊子短接该组引脚重新进行测量。如果重测后阻值为 400 ~ 800Ω，说明场效应管正常。否则场效应管已不能继续使用。

检测电路中的滤波电容器是否击穿。如果场效应管和滤波电容器均正常。在通电的情况下，测量 PWM 控制芯片的 UGATE 和 LGATE两引脚输出的驱动信号。检测时，用万用表的直流 20V 挡，分别测量 PWM 控制芯片的UGATE 和 LGATE 引脚电压，正常时电压为3~5V，如果检测不到以上两只引脚由驱动脉冲信号输出，或输出信号不正常，则是 PWM 控制芯片虚焊或损坏。更换损坏的元器件即可。

图 5-18　DC/DC 开关电源电路故障检测维修方法

第 **6** 章

# 打印机开关电源电路故障
# 分析与检测实战

打印机开关电源主要为打印机各个电路提供工作电压，对打印机来说，开关电源电路是非常重要的电路，它直接影响打印机是否能正常开机和工作。本章将重点讲解打印机开关电源电路的工作原理及常见故障维修方法。

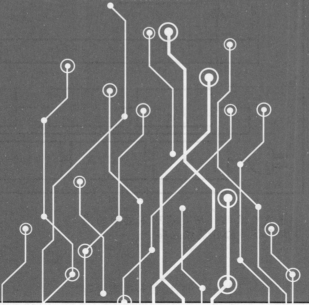

# 看图说话：打印机开关电源电路的组成

打印机开关电源电路主要为打印机提供以下几种工作电压：第一种为 +5V 或 +9V 工作电压，主要为主板逻辑电路、操作面板指示灯、字车电动机、走纸电动机、传感器电源等提供工作电压；第二种为为打印头驱动、字车电动机驱动、走纸电动机驱动、多棱角电动机驱动、高压板、散热风扇、螺线管等提供 +24V、+36V 或 +42V 等工作电压；第三种为卤素加热灯（定影单元）提供 +220V 工作电压。

开关电源电路主要由滤波电路、全波整流电路、主开关电路、开关变压器、整流滤波电路、稳压控制电路、保护电路等组成。如图 6-1 所示为打印机开关电源电路。

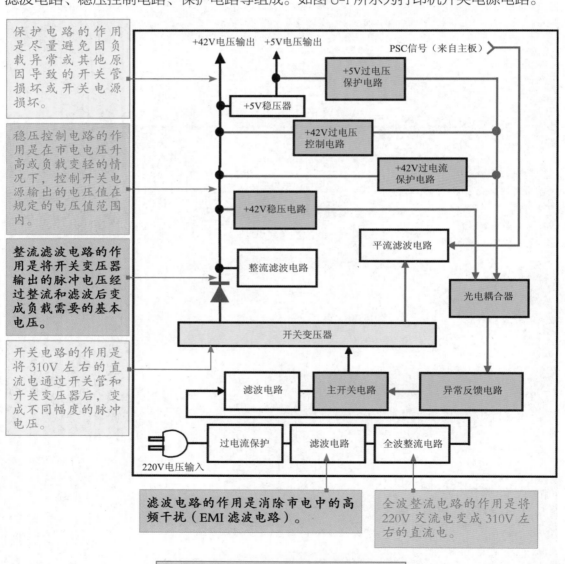

图 6-1　打印机开关电源电路

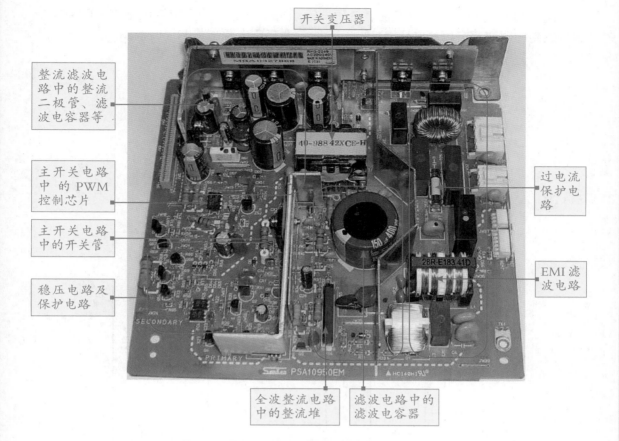

整流滤波电路中的整流二极管、滤波电容器等

开关变压器

过电流保护电路

主开关电路中的 PWM 控制芯片

EMI 滤波电路

主开关电路中的开关管

稳压电路及保护电路

全波整流电路中的整流堆

滤波电路中的滤波电容器

图 6-1　打印机开关电源电路（续）

在激光打印机中，有一路供电专门为定影单元的卤素加热灯提供 +220V 工作电压，其电路结构图如图 6-2 所示。

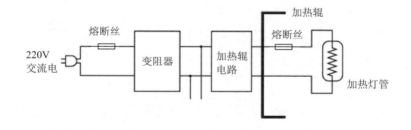

加热辊

熔断丝

220V
交流电

变阻器

加热辊电路

熔断丝

加热灯管

图 6-2　加热辊供电电路

另外，在激光打印机中，感光鼓的充电组件、显影组件、转印组件工作需要上千伏的工作电压。这些高压主要是将开关电源电路输出的 24V 电压，逆变为高压电，为激光打印过程中充电、曝光和转印过程提供工作高压电。其中，–6000V 电压用于初级电晕电极，–600V 电压用于电晕栅极，另外一组交流电压用于显影辊。

高压电源电路主要由整流器、变压器等组成，它是将低压电源电路产生的 24V 电压经过变压器逆变产生高电压。如图 6-3 所示为高压电源电路的组成框图。

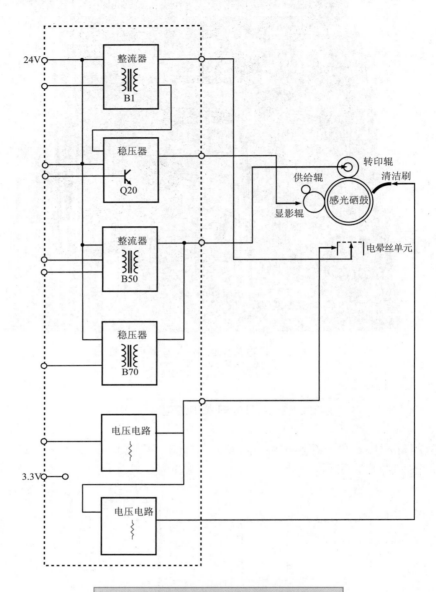

图 6-3　高压电源电路的组成框图

 **6.2 打印机开关电源电路的原理及常见电路**

打印机开关电源电路的工作原理基本类似，下面以一款 EPSON 打印机的开关电源电路为例进行讲解。

## 6.2.1　EMI 滤波电路及整流滤波电路工作原理

　　交流输入电压经 EMI 输入滤波电路( 由电容器 C1、C2、C3、C4 和电感 L1 组成 )滤波后，被送至桥式整流堆 DB1 进行全波整流，再经电解电容器 C11 滤波后，输出 310V 直流高压，如图 6-4 所示。

　　（1）当电源接通后，220V 交流电压首先由电容器 C1、C2、C3、C4 和电感器 L1 组成 EMI 滤波电路过滤掉电路中的高频干扰信号。然后经过桥式整流堆 DB1 整流和电容器 C11 滤波后，输出 310V 左右的直流电压。

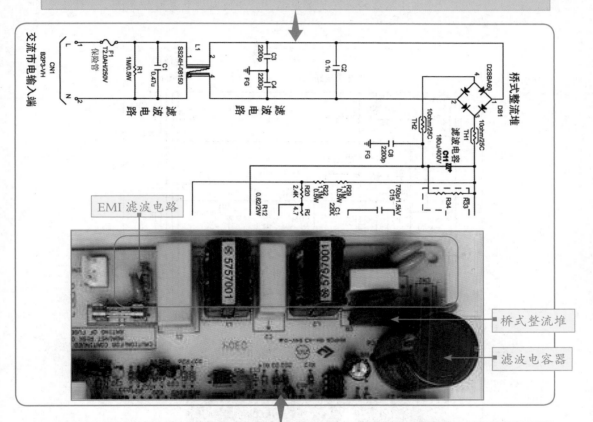

　　（2）由于接通电源的瞬间，电容器 C11 相当于短路，此时经桥式整流堆 DB1 输出的，流过电阻 R33、R34、电容器 C11 上的电流是一个很大的浪涌电流。由电容器的零态响应原理可知，若电源在输入交流电压的峰值时被打开，此时的浪涌电流最大。不过由于电容器 C11 回路上的电阻 R33、R34 的作用，浪涌电流被抑制，起到保护作用。

图 6-4　EMI 滤波电路及整流滤波电路工作原理

## 6.2.2　开关振荡电路工作原理

　　开关振荡电路工作原理如图 6-5 所示。

（1）当电源接通时，交流 220V 电源经过 EMI 滤波电路和桥式整流滤波电路后，输出的直流高压 310V 电压。此直流电压经开关变压器 T1 初级线圈的 12-15 绕组加到开关管 Q1 的漏极（D 极）；与此同时，直流高压经启动电阻器 R28、R18、R31 给开关管 Q1 的栅极（G 极）提供电流，使开关管 Q1 导通。

（2）开关管 Q1 导通后，在漏极上产生漏极电流 $I_D$，从小到大。在变压器 T1 初级线圈的 12-15 绕组上产生一个阻止 $I_D$ 增大的自感电动势，极性为上正下负，同时在变压器 T1 次级线圈的 9-10 绕组上产生一个感应电动势，极性也是上正下负。其感应电动势通过电阻器 R11、电容器 C13 加到开关管 Q1 的栅极，使栅极电位提高，栅极电流加大。因此开关管 Q1 的漏极电流也相应地增加。$I_D$ 的增加使变压器 T1 初级线圈的 12-15 绕组上和次级线圈的 9-10 绕组上的感应电动势也随之增大，次级线圈的 9-10 绕组的感应电动势通过电阻器 R11 加在开关管 Q1 栅极的电压更加提高，从而使漏极电流增加更快，这种正反馈过程使开关管 Q1 很快进入饱和状态。

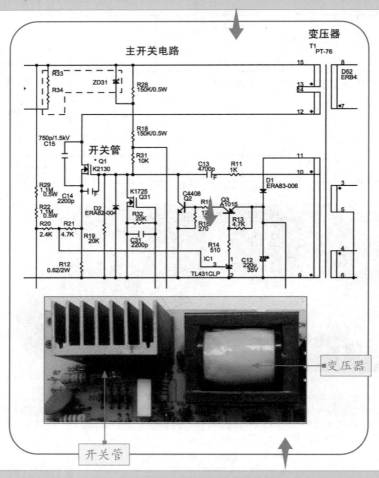

（3）当开关管 Q1 趋于饱和时，其漏极电流的变化速率变小，使得开关变压器 T1 初级线圈的 12-15 绕组感应出一个反电动势，极性为上负下正。同时，在变压器 T1 次级线圈的 9-10 绕组上产生一个反电动势，极性也是上负下正。此反电动势通过二极管 D2 使开关管 Q1 的基极与发射极之间受反偏压作用而趋于截止。

（4）开关管 Q1 截止后，又在启动电流的作用下产生正反馈，使开关管 Q1 又导通，这样周而复始地导通、截止，就在变压器 T1 上产生振荡电压。

图 6-5  开关振荡电路工作原理

## 6.2.3　次级整流滤波电路（35V 输出电压）工作原理

次级整流滤波电路工作原理如图 6-6 所示。

> （1）当开关管 Q1 导通时，变压器 T1 初级线圈的 12-15 绕组上产生的自感电动势是上正下负，在变压器 T1 次级线圈的 4-8 绕组中产生感应电动势，方向是上负下正，二极管 D52 处于反偏状态，此时变压器 T1 次级线圈的 4-8 绕组相当于开路无电流通过。这时可以把开关变压器 T1 初级线圈的 12-15 绕组看成一个纯电感。在开关管 Q1 导通的时间里，把直流高压所提供的能量全部储存在开关变压器 T1 初级线圈的 12-15 绕组中。

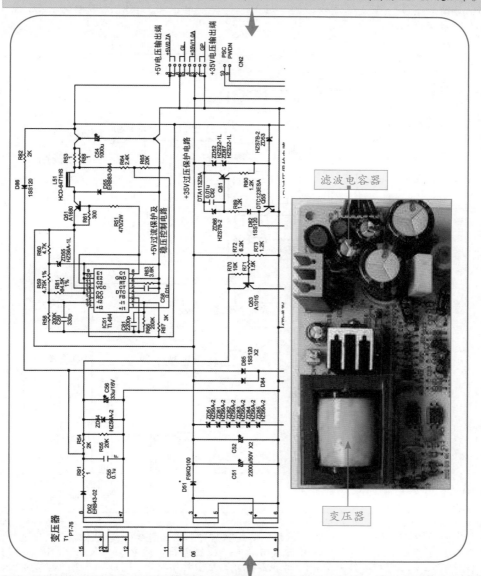

> （2）当开关管 Q1 截止时，开关变压器 T1 次级线圈的 4-8 绕组上将感应出一个上正下负的电动势，二极管 D52 处于正偏状态，电感器中储存的能量通过二极管 D52 半波整流后，再经过电容器 C55、C56 滤波后，得到 +35V 电压。

图 6-6　次级整流滤波电路工作原理

## 6.2.4　稳压电路和保护电路工作原理

稳压电路和保护电路工作原理如图 6-7 所示。

（1）稳压控制。当市电电压升高或负载变轻时，C506 两端的电压升高，经 IC501 内的误差取样放大电路处理后，使 PC501 的③脚输出的电压升高，对 C503 充电速度加快，调频调宽管 Q502 提前导通。Q501 提前截止，T501 因 Q501 导通时间缩短而储能下降，开关电源输出的电压下降到规定电压值，实现稳压控制。反之，稳压控制过程相反。

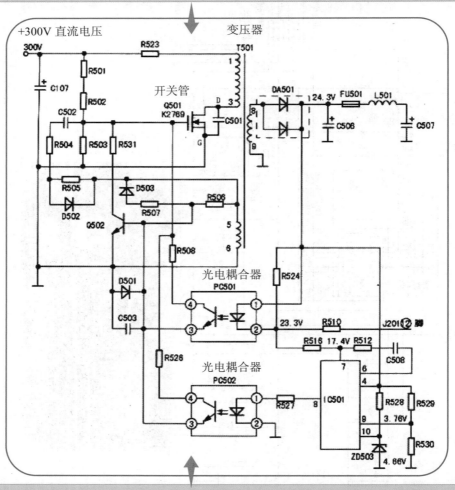

（2）过电压保护。当误差取样放大电路或 PC501 异常，引起开关电源输出电压过高，被 IC501 内部电路检测后，从其 8 脚输出高电平控制电压。该电压经 R527 为 PC502 的①脚提供 1.1V 左右的工作电压，使 PC502 内的发光管开始发光，PC502 内部光敏管导通，由③脚输出的电压使 Q502 饱和导通，Q501 截止，避免了开关电源输出电压过高给负载和开关管带来的危害。当 Q502 异常时，会产生开关管击穿或输出电压高的故障。

图 6-7　稳压电路和保护电路工作原理

## 6.2.5 定影系统电源电路工作原理

定影系统电源电路工作原理如图 6-8 所示。

（1）当接通电源开关 SW101 后，市电电压通过熔断管 FU101、SW101 加到市电输入电路和定影系统供电电路。一路经 C101、R101、L102、C104、C105、C106 等组成的电路滤波后，通过 D101 ~ D104 组成的整流堆进行整流，由 C107 滤波，在 C107 两端产生 300V 电压（与市电高低有关）。其中，TH101 是负温度系数热敏电阻器，可限制开机瞬间 C107 充电产生的大冲击电流。VZ101 是压敏电阻器，用于防止市电电压过高给开关电源或定影系统带来危害。

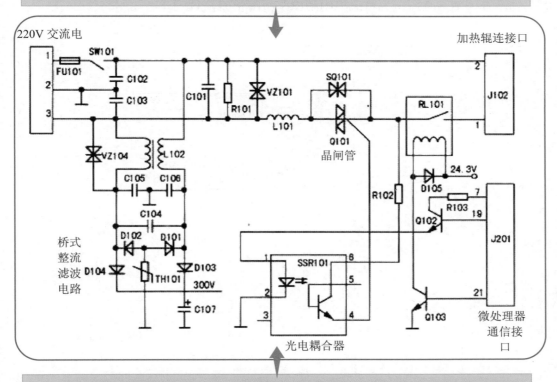

（2）当接通电源后，接口 J201 的第 19、21 脚均输入高电平。其中，第 21 脚输入的控制信号使三极管 Q103 导通，使 RL101 的驱动线圈产生磁场，将 RL101 内的触点吸合。第 19 脚输入的控制电压经三极管 Q102 放大后连接到光电耦合器 SSR101 的第 1、2 脚，使其内部三极管导通，电流从第 6 脚流过第 4 脚给晶闸管 Q101 提供触发信号，晶闸管 Q101 因有触发信号而导通。

此时，市电电压通过接口 J102 的第 1、2 脚为加热陶瓷片供电。

（3）当加热陶瓷片的温度达到 185℃ 左右时，接口 J201 的第 19 脚输入低电平，使三极管 Q102 截止，于是晶闸管 Q101 关断，加热陶瓷片停止加热；同时，微处理器发出指令使"准备好"灯点亮。如果在设定时间内打印机未工作，则接口 J201 第 21 脚输入低电平，使三极管 Q103 截止，RL101 内的触点释放，打印机进入待机状态。晶闸管 Q101 的 A、K 极间接的 SQ101，实际安装的是高频滤波电容。

图 6-8　定影系统电源电路工作原理

## 6.3 实战检测——打印机开关电源电路常见故障维修

### 6.3.1 打印机开关电源电路维修流程

打印机开关电源电路常见故障主要表现为无输出电压。造成针式打印机电源电路故障的原因可能是熔断管烧坏、滤波电容器损坏、开关管烧坏、稳压电路异常、保护电路异常等。图 6-9 所示为打印机电源电路故障检修流程图。

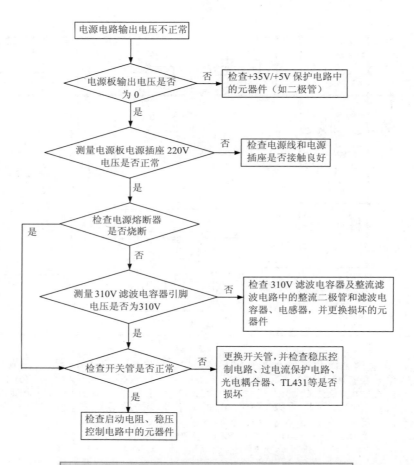

图 6-9 打印机开关电源电路故障检修流程图

针式打印机电源电路出现故障后，常见的故障现象主要有以下几种：

（1）按电源开关后，电源指示灯不亮，打印机无反应；

（2）按电源开关后，电源指示灯一闪即灭；

（3）按电源开关后，电源风扇转动，但打印机电源指示灯不亮，无任何动作；

（4）按电源开关后，打印机无反应，检查后发现总是烧熔断管。

## 6.3.2 打印机开关电源电路故障维修方法

打印机开关电源电路无电压输出故障一般是由保熔断烧坏、滤波电容器击穿损坏、开关管击穿烧坏、稳压电路异常、保护电路异常等引起的。

打印机开关电源电路故障维修方法如图 6-10 所示。

打印机开关电源电路故障维修方法如图 6-10 所示。

使用吹起皮囊或软毛刷轻扫电源电路板上积聚的灰尘污物，然后检查开关电源电路板上是否有明显损坏的元器件。

检测电源电路的熔断器是否良好。用万用表的红、黑表笔任意搭在熔断器的两端检测熔断器的阻值，如果测得的电阻值很小或为零，则说明熔断器良好；若测得的电阻值为无穷大，则说明熔断器已经损坏，需要更换熔断器。

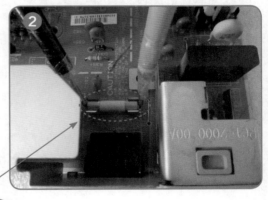

如果熔断器没有烧断，则测量 310V 滤波电容器引脚电电压是否为 310V。如果不是，检查 310V 滤波电容器及整流滤波电路中的整流二极管和滤波电容器、电感器，并更换损坏的元器件。

图 6-10　打印机开关电源电路故障维修方法

如果 310V 滤波电容器引脚电压为 310V，则检查开关管是否正常。在电路中直接测量开关管三个极间的电阻，如果三个极间的电阻均小，则说明开关管损坏。然后更换开关管，并检查稳压控制电路、过电流保护电路、光电耦合器、TL431等是否损坏，如果有损坏的元器件，更换即可。

如果开关管正常，则检查启动电阻、稳压控制电路中的元器件，并更换损坏的元器件。

图 6-10　打印机开关电源电路故障维修方法（续）

# 第 **7** 章

# LED 显示器开关电源电路
# 故障分析与检测实战

LED 显示器开关电源电路的功能主要是将 220V 市电转换成 LED 显示器工作需要的各种稳定的直流电压,为 LED 显示器中的各种控制电路、逻辑电路、控制面板等提供工作电压,其工作的稳定性直接影响 LED 显示器能否正常工作。

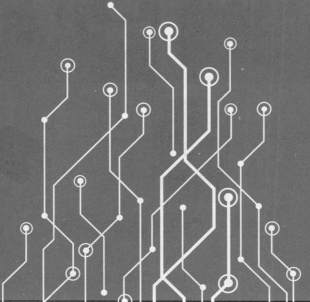

# LED 显示器开关电源电路的原理及常见电路

LED 显示器开关电源电路的主要作用就是将市电 220V 电压转变为 5V、12~19V 直流电压。

## 7.1.1 看图说话：LED 显示器开关电源电路组成

在 LED 显示器开关电源电路中，主要的元器件包括交流电 220V 输入接口、熔断器、滤波电容器、互感滤波器、桥式整流堆、310V 滤波电容器、开关管、PWM 控制芯片、开关变压器、光电耦合器、快恢复二极管、电感器、滤波电容器、LED 背光供电电路等。如图 7-1 所示为开关电源电路的主要元器件。

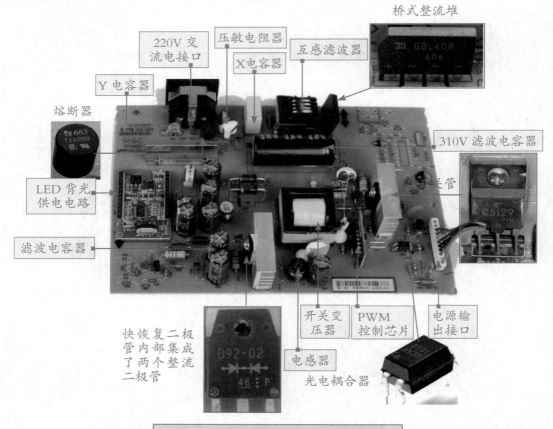

图 7-1 开关电源电路的主要元器件

### 1. 熔断器

熔断器又称熔丝，是安装在电路中通常用来保证安全运行的电器元件。熔断器在

LED 显示器开关电源电路中的主要作用就是过电流保护和短路保护。如图 7-2 所示为
LED 显示器开关电源电路中的熔断器。

当液晶显示器电路发生故障时，电路
中的电流会因为故障而不断升高，这
样就会损坏电路中某些重要的元器件
和电路，此时熔断器就会自动熔断切
断电流，从而起到保护电路的作用。

图 7-2　LED 开关电源电路中的熔断器

### 2. 压敏电阻器

压敏电阻器通常被并联在 LED 显示器电路中。如图 7-3 所示为 LED 显示器电路中
的压敏电阻器。

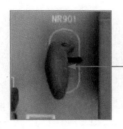

压敏电阻器的作用就是当电阻器两端的
电压发生变化超出额定值时，压敏电阻
器的阻值就会急剧变小，呈现短路状态，
此时串联在电路中的熔断器就会自动熔
断，进而起到保护电路的作用。

图 7-3　压敏电阻器

### 3. 互感滤波器

互感滤波器在 LED 显示器开关电源电路中的作用是与 XY 电容器组成 EMI 滤波电路，
来过滤输入的 220V 交流电中的高频干扰，防止高频干扰脉冲进入 LED 显示器电路，同
时使显示器的脉冲信号不会对其他电子设备造成干扰。如图 7-4 所示为互感滤波器。

互感滤波器实际
上由 2 个电感器组
成，通常有 4 个引
脚，用"L"表示。

图 7-4　互感滤波器

### 4. X、Y电容器

X、Y滤波电容器属于安规电容器，在开关电源电路中的作用主要是过滤交流电中的共模和差模高频脉冲信号，防止电网中的高频脉冲信号对开关电源电路的干扰。它的作用与互感滤波电感器作用相似。如图7-5所示为交流滤波电路中的X、Y滤波电容。

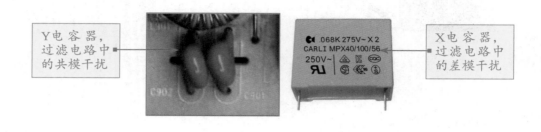

Y电容器，过滤电路中的共模干扰

X电容器，过滤电路中的差模干扰

图7-5 X、Y滤波电容

### 5. 桥式整流堆

在开关电源电路中，桥式整流堆的作用是将220V电压输出为+310V的直流电压。如图7-6所示为桥式整流堆在LED显示器中的应用。

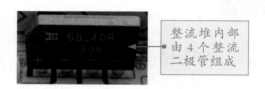

整流堆内部由4个整流二极管组成

图7-6 LED显示器中的桥式整流堆

### 6. 310V滤波电容器

310V滤波电容器通常与桥式整流堆搭配使用，在开关电源电路中的作用主要是对桥式整流堆输送来的310V直流电压进行滤波，使其变得平滑稳定。如图7-7所示为滤波电容器。

### 7. PWM控制器

PWM控制器的主要作用是在工作时，为开关管提供驱动脉冲，驱动开关管导通和截止。同时接收反馈的电压和电流信号，实现保护电路的功能，如图7-8所示。

在液晶显示器开关电源电路中，滤波电容是比较容易识别的元器件之一，个头最大的电容通常就是 310V 滤波电容。

**图 7-7　开关电源电路中的滤波电容器**

**图 7-8　PWM 控制器**

### 8. 开关管

开关管在开关电源电路中的作用是与 PWM 控制器、开关变压器共同组成开关振荡电路，不断地导通和截止，将 310V 高压直流电转换为低压电从开关变压器次级输出。如图 7-9 所示为开关电源电路中的开关管。

### 9. 开关变压器

通常在开关电源电路中，开关变压器与开关管一起构成一个自激式间歇振荡器，进而把输入直流电压调制成一个高频脉冲电压，从而起到能力传递和转换的作用。如图 7-10 所示为开关变压器。

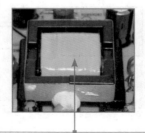

在液晶显示器开关电源电路中，一般用 MOS 管（场效应管）作为开关管。

开关变压器主要由初级线圈、次级线圈和铁心构成，主要利用电磁感应的原理来改变交流电压。

**图 7-9　开关管**

**图 7-10　开关变压器**

## 7.1.2　LED 显示器开关电源电路组成框图

LED 显示器开关电源电路主要由 EMI 滤波电路、桥式整流滤波电路、软启动电路、开关振荡电路（PWM 控制器、开关变压器、开关管）、整流滤波电路、稳压电路、保护电路、LED 背光灯供电电路等组成。如图 7-11 所示为 LED 显示器开关电源电路组成框图。

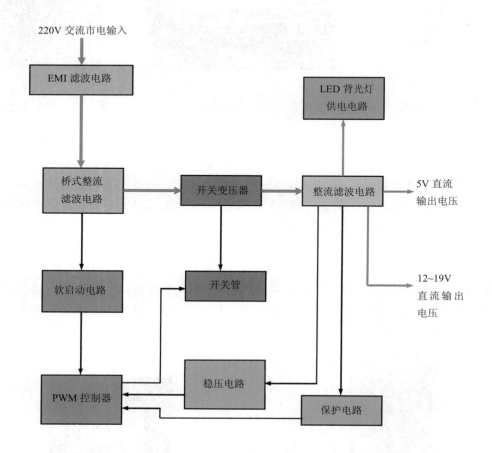

图 7-11　LED 显示器开关电源电路组成框图

开关电源电路主要产生 5V 和 12 ～ 19V 的工作电压，其中，5V 电压主要为主板逻辑电路、操作面板指示灯等提供工作电压，12 ～ 19V 电压主要为 LED 背光供电电路、驱动板等提供工作电压。

 ## 7.2　LED 显示器开关电源电路的原理及常见电路

图 7-12 所示为 AOCLED 显示器开关电源电路图，下面以 AOCLED 显示器开关电源电路为例来学习开关电源电路的工作原理。

在 AOCLED 显示器的开关电源电路中，LD7575 为 PWM 控制器芯片，BD901 为桥式整流堆、L902 和 L901 为互感滤波电感器、T901 为开关变压器。

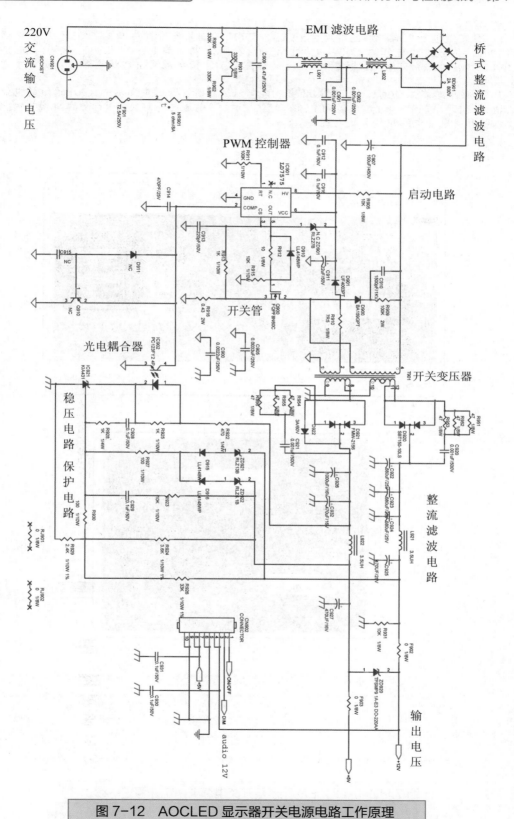

图 7-12　AOCLED 显示器开关电源电路工作原理

（1）当交流电输入接口接通市电220V后，220V交流电先通过熔断器F901和压敏电阻器NR901，再通过由电容器C909、C901、C902和限流电阻器R900、R902、R901、电感器L901、L902组成的EMI滤波抗干扰电路充分滤波后，使电流变得比较稳定、平滑、干净的交流电。

（2）如果电路在工作过程中，输入的交流电电压过高时，压敏电阻器NR901通过的电流突然增大，同时串联的F901熔断器的电流也突然增大。当电流过高时，F901自动熔断，切断电流，以保护开关电源电路中的关键元器件。

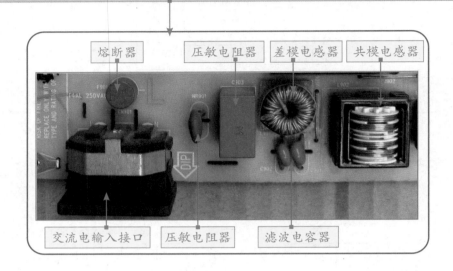

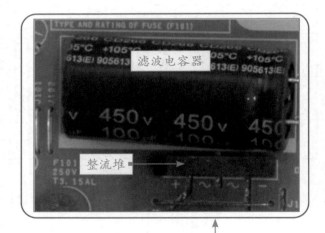

（3）当经过交流滤波电路过滤后的220V交流电进入桥式整流堆BD901后，桥式整流堆220V交流电进行全部整流，之后转变为200V左右的直流电压进行输出，接在输出的200V直流电压再经过高压滤波电容器C907滤波后，输出310V左右的直流电压，最后输出给开关电源电路中的其他电路。

图7-12 AOCLED显示器开关电源电路工作原理（续）

（4）当开关电源电路开始工作时，桥式整流滤波电路输出的 310V 直流电压，经过启动电阻器 R905 降压后，为 PWM 控制器（IC901）的启动电压输入端（HV 端口）提供启动电压。PWM 控制器得到启动电压经内部电阻降压后，除了加到电源输入端 VCC 外，还加到内部偏压源的输入端，通过偏压源给内部电路供电。内部电路得到供电电压后，开始工作。

（5）PWM 控制器启动后，输出脉冲电压，驱动开关管开始工作，并在开关变压器的反馈绕组产生脉冲电压，脉冲电压经过限流电阻器 R910 降压后，再经过整流二极管 D901、滤波电容器 C911 整流滤波后，为 PWM 控制器的 VCC 端提供工作电压，至此整个启动过程结束。

滤波电容器

PWM 控制器

二极管

启动电阻器

（6）当 PWM 控制器的 OUT 端输出高电平时，开关管 Q900 处于导通状态，此时开关变压器 T901 的初级线圈有电流，产生上正下负的电压；同时，开关变压器的次级线圈产生上负下正的感应电动势，这时次级线圈上的二极管 D920 处于截止状态，此时为储能状态。

（7）当 PWM 控制器的 OUT 端输出低电平时，开关管 Q900 处于截止状态，此时开关变压器 T901 的初级线圈上的电流在瞬间变成 0，初级线圈的电动势为下正上负，而在次级线圈上感应出上正下负的电动势，此时二极管 D920 处于导通状态，此时开始输出电压。

（8）由于在开关管 Q900 截止时，开关变压器 T901 的初级线圈还有电流，为防止随开关开 / 闭所发生的电压浪涌，电路中设置了由二极管 D900、电阻器 R909 和电容器 C910 组成的滤波缓冲电路。

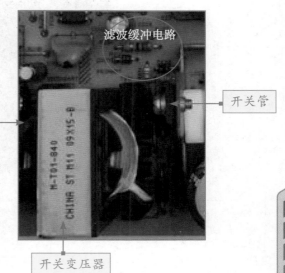

滤波缓冲电路

开关管

开关变压器

图 7-12　AOCLED 显示器开关电源电路工作原理（续）

（9）当开关变压器 T901 的次级线圈产生下正上负的感应电动势时，次级线圈上连接的二极管 D920 和 D921 处于截止状态，此时能量被存储起来。当开关变压器 T901 次级线圈为上正下负的电动势时，变压器次级线圈上连接的整流二极管 D920 和 D921 被导通，然后开始输出直流电压。

（10）当开关变压器的次级线圈通过整流二极管 D920 开始输出 12V 电压时，12V 电压通过由电阻器 R951、R952、R953 及电容 C920 组成的滤波电路过滤后，过滤掉因为整流二极管 D920 产生的浪涌电压。然后 12V 电压再经过电感器 L921、电容器 C922、C923、C924 构成的滤波电路过滤掉交流干扰信号，再输出纯净的 12V 直流电压。

（11）同时，当开关变压器的次级线圈通过整流二极管 D921 开始输出 5V 电压时，5V 电压先经过 R954、R955、R956 及电容器 C921 组成的滤波电路过滤掉整流二极管 D921 上产生的浪涌电压，然后经过电感器 L922、电容器 C926、C932 构成的 LC 滤波电路过滤掉交流干扰信号，再输出纯净的 5V 直流电压。

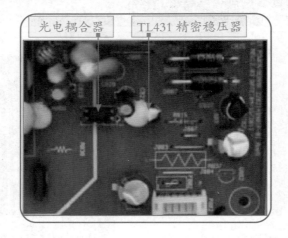

（12）由 IC921 为精密稳压器、IC902 为光电耦合器、LD7575 为 PWM 控制器芯片、ZD921 和 ZD922 为稳压二极管组成了稳压控制电路。

（13）工作时，直流电压输出的 +12V 电压经过电阻器等元器件分压后，到达精密稳压器 IC921 的 R 端。经过分压后的 2.5V 电压输入到精密稳压器，使其导通，于是 12V 电压就可以通过光合耦合器和精密稳压器，使光电耦合器发光，光电耦合器开始工作，完成工作电压的取样。

图 7-12　AOCLED 显示器开关电源电路工作原理（续）

（14）当 220V 市电电压升高时，导致输出电压随之升高，直流电压输出端电压超过 12V，此时经过电阻器等元器件分压输入到精密稳压 IC921 R 端的电压也将超过 2.5V。由于 R 端电压升高，精密稳压器内部比较器也将输出高电平，从而使内部 NPN 管导通。与之连接的光电耦合器 IC921 的两端引脚电位随之降低，此时流过光电耦合器内部的发光二极管的电流逐渐增大，发光二极管的亮度也逐渐增强，光电耦合器内部的光电晶体管的内阻同时变小，光电晶体管的导通程度也逐渐加强，最终导致光电耦合器第 4 脚的输出电流增大。

（15）光电耦合器第 4 脚电流增大，与之相连接的 PWM 控制器芯片的反向输入端电压降低，于是 PWM 控制芯片就会控制开关变压器的次级输出电压降低，从而达到降压的目的，整个运行就构成了过电压输出反馈电路，最终实现了稳定输出的作用。

（16）当 220V 交流电电压降低，直流输出端的电压低于 12V 时，出入 IC921 精密稳压器 R 端的电压变为小于 2.5V。精密稳压器内部比较器开始输出低电平，使内部的 NPN 管截止，从而使流过光电耦合器发光二极管的电流减小，而 PWM 控制器反向输入端电压就会增大，于是 PWM 控制器就会控制开关变压器次级输出电压升高。已起到了高频补偿的作用。

图 7-12　AOCLED 显示器开关电源电路工作原理（续）

# 7.3 LED 显示器中 LED 背光灯升压电路的原理及常见电路

由于 LED 供电电流的变化会影响 LED 的色谱和色温，造成显示的彩色画面随之产生色差，所以 LED 显示器中 LED 背光灯必须采用恒流源的开关电源供电，也称恒流板。恒流源是在负载变化的情况下，能在一定范围内相应地调整输出电压，使得流过负载上的电流保持恒定不变。

如图 7-13 所示为 LED 背光灯电路，该电路由驱动控制芯片 OZ9998BGN（U801）、升压开关管 Q801、储能电感器 L801、续流二极管 D801、升压滤波电容器 C809 组成的升压电压组成。

（1）开关电源电源板输出的 14.5V 电压为背光灯驱动电路升压输出电路供电，经储能电感器 L801 加到升压开关管 Q801 的 D 极。当按开关键开机时，主板发出的背光开启信号 ON/OFF 和亮度 PWM 控制信号 DIM 同时送到开关电源板和 LED 背光灯板，开关电源电路板输出的 14.5V 供电经过电阻器 R804 分压和再经过 FB801 为 PWM 驱动控制器 U801 供电。同时，当 U801 收到背光开启信号 ON/OFF 和亮度 PWM 控制信号 DIM 后，进入正常工作状态。

（2）正常工作时 U801 产生频率固定脉宽可调的激励脉冲，从第 7 脚输出驱动信号，推动升压 MOS 管 Q801 的导通和截止。当 U801 的第 7 脚输出高电平的激励脉冲信号时，通过灌流电阻器 R807 加到 Q801 的 G 极，Q801 导通；14.5V 电压通过储能电感器 L801 及导通的 Q801 流通到地，此时电感器处于储能状态，L801 上的自感电动势极性为左正右负。

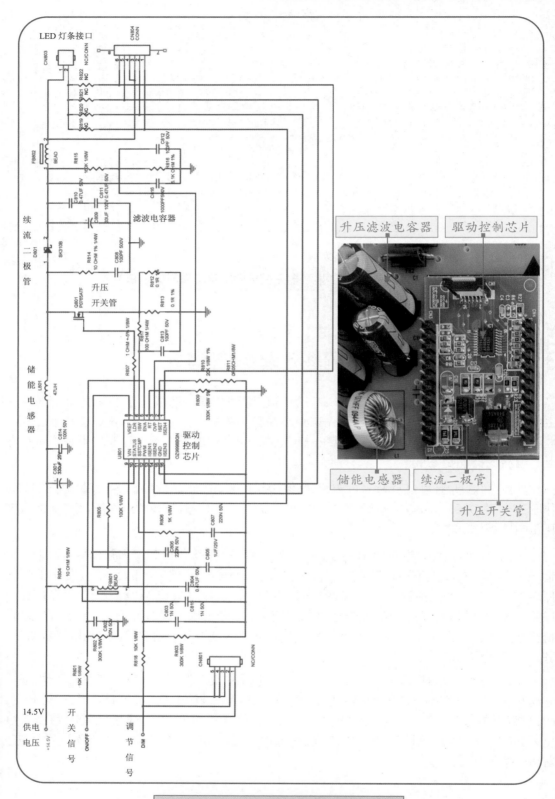

图 7-13  LED 背光灯电路

（3）当 U801 第 7 脚输出的激励脉冲为低电平时，升压 MOS 管 Q801 进入截止状态，因电感器 L801 中的电流不能突变，此时电感器 L801 中的自感电动势极性变为左负右正，与 14.5V 电压相叠加，经过升压隔离二极管 D801 整流，电容器 C809、C810、C811 滤波后得到的电压，为 LED 灯条供电。

（4）LED 灯供电电压经恒流检测电阻器 R819、R820、R821、R822 分压后，反馈到 U801 第 1、13、14、16 脚反馈电压输入端，U801 根据 LED 电流反馈电压的高低，与内部的 2.5V 基准电压进行比较，来调整第 7 脚输出脉冲的占空比，在一定范围内调整 LED 灯条供电电压的高低，达到 LED 灯条恒流的目的。

（5）升压开关管过电流保护电路 U801 的第 6 脚内设过电流保护电路，通过 R817 接 R812、R813 为升压回路中电流检测电阻。当电路电流过大时，检测电阻器上的压降也相应增大，这个电压送到 U801 的第 6 脚，当这个电压大于 7.3V 时，芯片内保护电路动作，减小输出 PWM 脉冲波的占空比，让输出电压变低，电流减小。

（6）升压输出过电压保护当 LED 灯条开路或插座接触不良时，输出电压会出现异常升高，当达到设定的最高值时，电阻 R815、R816 分压取样后反馈到 U801 的第 3 脚（OVP）的电压也随之升高到 2V，U801 内部的过电压保护电路动作，使 U801 的第 7 脚停止输出脉冲信号，升压电路停止工作。当电压降至最高电压保护值以下时，U801 芯片再次进入工作状态，让输出电压保持在设置的最高电压值上，限制电压继续上升。

## 7.4　实战检测——LED 显示器开关电源电路常见故障维修

LED 显示器故障大多数是由于开关电源电路不能正常工作而造成的，开关电源电路故障的检测方法有很多，下面讲解 LED 显示器常见故障维修方法。

### 7.4.1　LED 显示器开关电源电路常见故障分析

1. 开关电源电路故障特点

LED 显示器开关电源电路故障通常会造成如下现象：

（1）花屏。

（2）开机黑屏。

（3）显示屏上有杂波。

（4）按电源开关无反应。

（5）开机无电，指示灯不亮。

### 2. 开关电源电路故障原因分析

#### （1）花屏及屏幕有杂波干扰故障原因分析

LED 显示器花屏故障通常由开关变压器次级线圈的输出电容漏电引起。由于漏电造成输出电压不足，电流小。导致信号驱动控制电路工作不正常，输出信号异常引起花屏故障。

#### （2）开机黑屏、通电无反应故障原因分析

LED 显示器开机黑屏通常由开关电源电路没有输出电压引起。这时可以重点检查开关电源板中的元器件脱焊、烧坏，接插件松动、熔断器、300V 滤波电容器、开关管、稳压器等是否损坏。

## 7.4.2 开关电源电路典型故障检修思路

### 1. 开机烧熔断器检修思路

开机烧熔断器检修思路如图 7-14 所示。

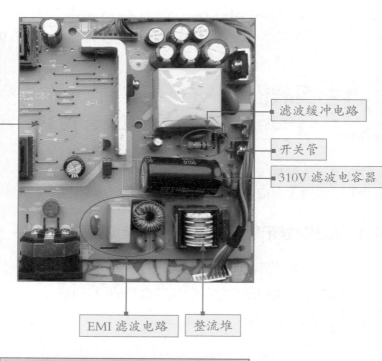

如果开关电源总是烧熔断器，说明开关电源电路存在严重的短路故障。可以用数字万用表的二极管挡，或指针万用表的 R×1k 挡对 EMI 滤波电路、整流桥、310V 滤波电容器、滤波缓冲电路（电容器、电阻器）等部件进行检测，找到短路部件。

滤波缓冲电路

开关管

310V 滤波电容器

EMI 滤波电路　整流堆

**图 7-14　开机烧熔断器检修思路**

### 2. 屡烧开关管检修思路

屡烧开关管检修思路如图 7-15 所示。

如果开关电源电路总烧开关管，说明与开关管有关的电路有问题。可以重点检查 310V 滤波电容器、稳压电路，保护电路等。其中，310V 滤波电容器失效，会导致高频脉冲在开关管截止期间使开关管过电压损坏；保护电路重点检查过电压保护电路和过电流保护电路等。

310V
滤波
电容

稳压电路和
保护电路

**图 7-15　屡烧开关管检修思路**

3. 无电压输出检修思路

无电压输出检修思路如图 7-16 所示。

（1）开关电源电路没有输出电压，说明电源电路没有工作，或处于保护状态，这时可以测量 310V 滤波电容器两端的电压来判断故障范围。

（4）如果 310V 电容器两端电压很长时间都不消失，说明电路没有起振，重点检查 PWM 控制器的启动电阻、PWM 控制器是否虚焊、开关管、稳压二极管等是否正常。

（2）如果 310V 滤波电容器没有电压，则是 310V 滤波电容器之前有断路点。重点检查前级电路元器件开路、接触不良、铜模断开、虚焊等情况。

（3）如果 310V 滤波电容器有电压，这时关掉电源，然后监测 310V 滤波电容器两端电压消失情况。如果很快消失，则说明电路已经起振，重点检查保护电路故障。

**图 7-16　无电压输出检修思路**

4. 输出电压过低检修思路

输出电压过低检修思路如图 7-17 所示。

（2）在检查时，可以先给电源电路板接一个假负载（30W/12V灯泡），然后测量输出电压。如果输出电压正常，则是负载电路有短路元器件；如果输出电压依然低，则检测输出电路整流二极管、电容，以及开关管、变压器、310V滤波电容器等元器件的性能是否正常。可以采用替换法进行检测。

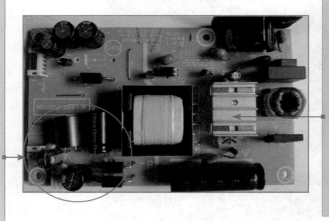

（1）输出电压过低，说明稳压控制电路可能有问题。除此之外，开关管、开关变压器、310V滤波电容器性能下降，输出电路中整流二极管、电容器失效，负载有短路元器件等也会引起输出电压过低的情况。

图 7-17　输出电压过低检修思路

### 7.4.3　开关电源电路无电压输出故障维修

当 LED 显示器电源电路出现故障后，其检修方法如下。

（1）检查 LED 显示器的供电电网是否有电，电网电压与该 LED 显示器要求的供电电压是否一致，电源插座是否有电等。

（2）测量电源板输出电压是否为 0。如果电源板输出电压不为 0，则检查 +12V/+5V 过电压保护电路中的元器件，并更换损坏的元器件，如图 7-18 所示。

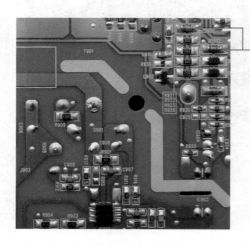

稳压二极管

图 7-18　稳压二极管

（3）如果电源板输出电压为 0，则测量电源板电源插座 220V 电压是否正常。如果不正常，检查电源线缆和电源插座是否接触良好。

（4）如果电源板电源插座 220V 电压正常，则检查电源熔断管是否烧断。如果烧断，转到第（7）步。

（5）如果熔断管没有烧断，则测量 310V 滤波电容器引脚电压是否为 300V 左右直流电压。如果不是，检查 310V 滤波电容器及整流滤波电路中的整流堆、滤波电容器、电感器，并更换损坏的元器件，如图 7-19 所示。

**图 7-19　310V 滤波电容器及整流堆**

（6）如果 310V 滤波电容器引脚电压为 300V 左右，则检查开关管是否正常。

（7）在电路中直接测量开关管三个极间的阻值，如果三个极间的阻值均小，则是开关管损坏。然后更换开关管，并检查稳压控制电路、过电流保护电路、光电耦合器、TL431 等是否损坏，如果有损坏的元器件，更换即可。

（8）如果开关管正常，则检查启动电阻、稳压控制电路中的元器件，并更换损坏的元器件。

## 7.4.4　开关电源发出"吱吱"响声故障维修

开关电源发出"吱吱"响声故障的原因可能有两种：一种是 +310V 滤波电容器失容，另一种是电源处于保护工作状态。若能听到开关电源发出的"吱吱"声，说明电源的启动电路、正反馈电路及保护电路本身基本正常，由于电源供电不稳定、负载过重，电源处于保护工作状态。

开关电源发出"吱吱"响声故障的检修方法如下。

（1）首先观察 +310V 滤波电容器有无异样，或测量电压是否正常。如果电容器接触不良或损坏，重新焊接或更换即可。

（2）如果 +310V 滤波电容器正常，则检查负载方面原因，检查次级整流滤波电路中的电容正极对地阻值，若阻值过小，表明负载有短路故障；接着将电源输出插头从电源板上拔下，然后重新测量。若阻值恢复正常，表明是负载有故障，检查或更换小信号处理电路板；若不能恢复正常，表明整流滤波元器件有故障，检查更换整流管及滤波电容器，如图 7-20 所示。

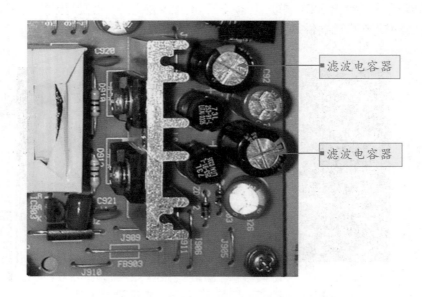

图 7-20 输出电路中的滤波电容器

（3）如果负载方面没有故障，则检查稳压控制电路方面故障。

第 **8** 章

# 液晶彩色电视机开关电源
# 电路故障分析与检测实战

开关电源电路是液晶彩色电视中非常重要的
电路，也是维修实战中故障率较高的一个电路，
本章将重点介绍液晶彩色电视机开关电源电路的
运行原理、组成电路和维修实践。

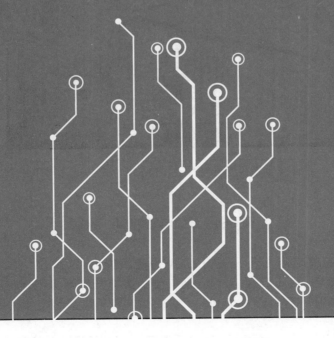

## 看图识别液晶电视中的开关电源电路

### 8.1.1  看图说话：液晶电视中的供电电路

液晶电视的供电电路主要是将 220V 交流电转换为 24V、18V、12V、5V、3.3V、2.5V、1.8V、-5V 等直流电压及 600~1 800V 高压交流电（CCFL 灯管等），或 30~200V 直流电压（LED 背光）的供电电路。液晶电视中的供电电路主要包括开关电源电路（交流/直流转换电路）、DC/DC 电源电路（直流/直流转换电路）、液晶屏供电电路和高压电源电路（直流/交流）等，如图 8-1 所示。

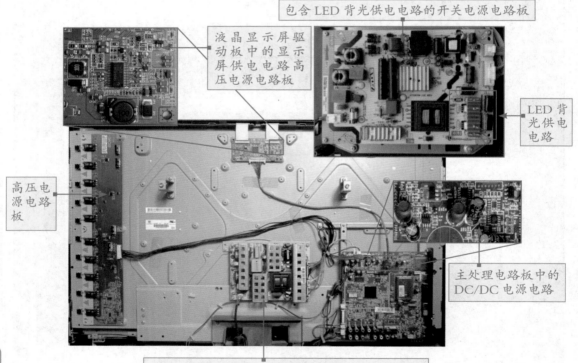

图 8-1　液晶电视中的供电电路

其中，开关电源电路主要负责将 220V 市电转换为 5V、12V、24V、30~200V（LED 背光电压）等直流电压；DC/DC 电源电路主要负责将开关电源电路输出的直流电压转换为主处理电路需要的 -5V、1.8V、3.3V、5V、18V、32V 等直流电压；高压电源电路主要负责将开关电源电路输出的 12V 电压转换为背光灯管需要的 600~1800V 高压交流电。如图 8-2 所示为液晶电视供电电路框图。

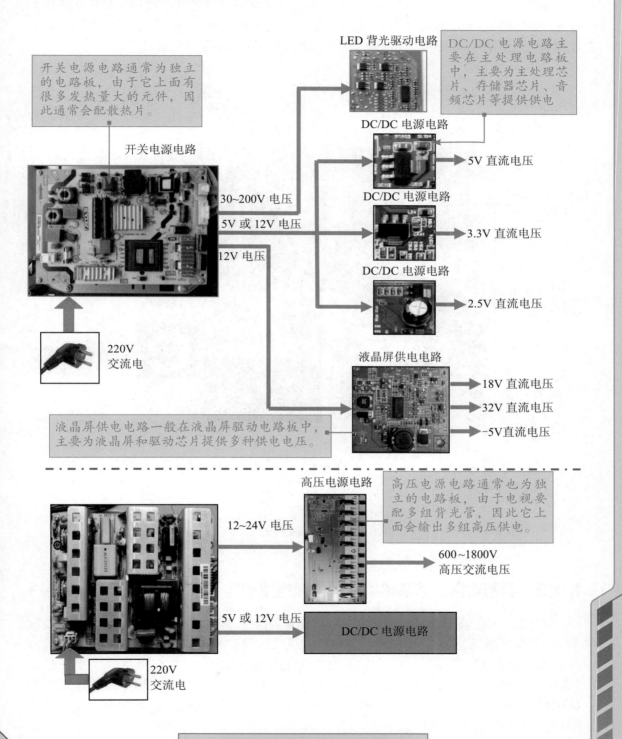

图 8-2　液晶电视供电电路框图

## 8.1.2 看图说话：液晶电视开关电源电路的主要元器件

液晶电视开关电源电路的功能主要是将 220V 市电经过滤波、整流、降压和稳压后输出一路或多路低压直流电压，从外观看，开关电源电路一般位于液晶电视的中间，电路板上通常加有散热片。如图 8-3 所示为液晶电视开关电源电路。

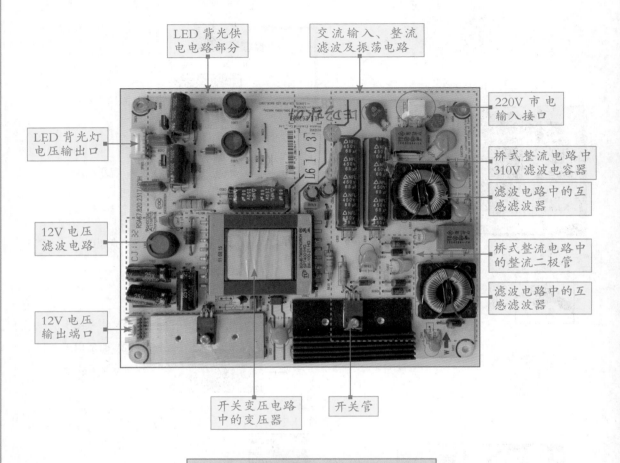

图 8-3　液晶电视开关电源电路

## 8.1.3 看图说话：液晶电视开关电源电路图

如图 8-4 所示为电路图中的开关电源电路图。图中，由 4 个整流二极管组成的正方形电路元器件是整流堆（BD901），L903 和 IC902 为 PFC 电路中的主要元器件，IC901、Q919、Q920 为开关振荡电路中的主要元器件，T905 为主开关变压器，T904 为副开关变压器，D928、D901、D902、IC909、L909、L906 及相关电容器等为次级整流滤波电路中的主要元器件，IC910、IC914、IC913 为稳压保护电路中的主要元器件。

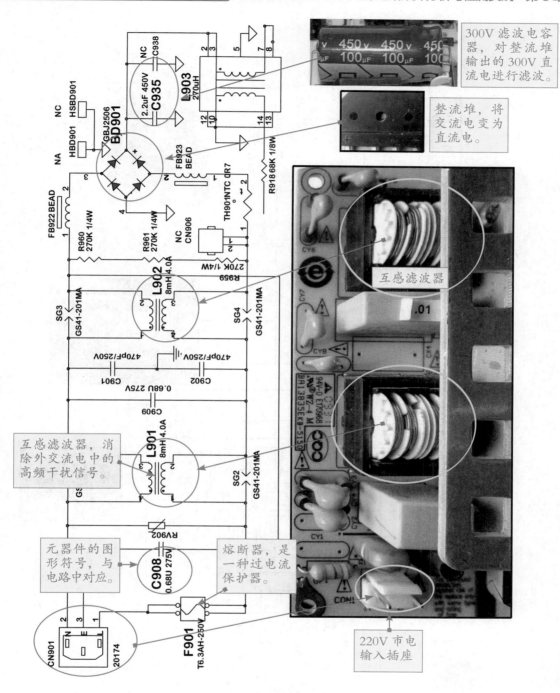

300V 滤波电容器，对整流堆输出的300V 直流电进行滤波。

整流堆，将交流电变为直流电。

互感滤波器

互感滤波器，消除外交流电中的高频干扰信号。

元器件的图形符号，与电路中对应。

熔断器，是一种过电流保护器。

220V 市电输入插座

（a）EMI 滤波电路和桥式整流滤波电路图

图 8-4 液晶电视开关电源电路图

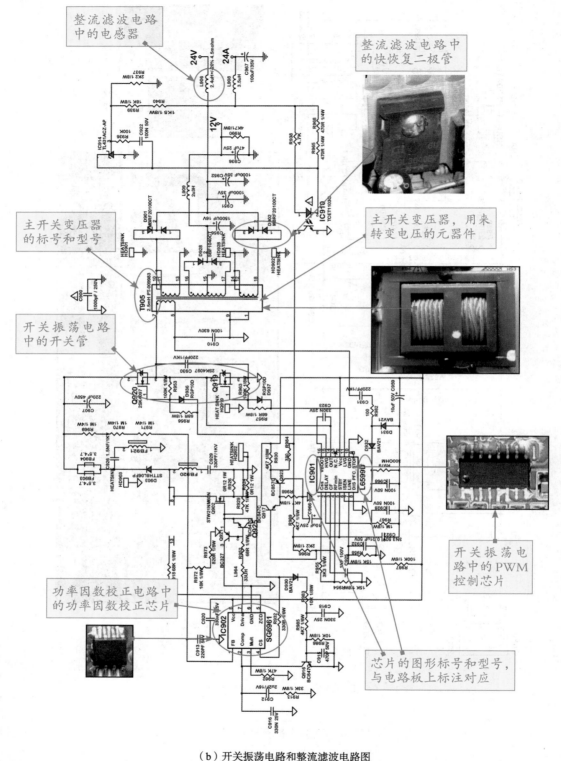

整流滤波电路中的电感器

整流滤波电路中的快恢复二极管

主开关变压器的标号和型号

主开关变压器，用来转变电压的元器件

开关振荡电路中的开关管

开关振荡电路中的PWM控制芯片

功率因数校正电路中的功率因数校正芯片

芯片的图形标号和型号，与电路板上标注对应

（b）开关振荡电路和整流滤波电路图

图8-4　液晶电视开关电源电路图（续）

## 8.2 液晶电视开关电源电路的组成结构

### 8.2.1 开关电源电路的组成结构

从电路结构上来看，液晶电视开关电源电路主要由交流滤波电路、桥式整流滤波电路、PFC 电路（功率因数校正电路）、主开关振荡电路、主开关变压器、副开关振荡电路、副开关变压器、次级整流滤波电路、稳压控制电路等组成。如图 8-5 所示为开关电源电路的组成框图。

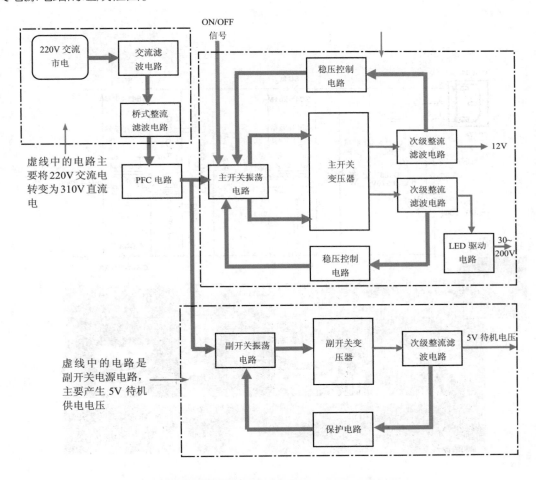

图 8-5　开关电源电路的组成框图

### 8.2.2 EMI 滤波电路

EMI 滤波电路在液晶电视开关电源电路中的作用是过滤外接市电中的高频干扰，

避免市电电网中的高频干扰影响电视机的正常工作，另外交流输入电路还起到过电流保护和过电压保护的作用。

我们知道市电 220V 是交流电压，交流电中有很大的噪声。而噪声产生主要有两种：一种是因为防止绝缘损坏造成设备带电危及人身安全而设置接地线产生的，称为共态噪声；另一种是因为交流电源线之间因为电磁力而相互影响产生的噪声，称为正态噪声。而液晶电视交流输入滤波电路能够有效地滤除电流中的噪声，以便使电视机电路正常工作。

液晶电视 EMI 滤波电路主要由电源输入接口、熔断器、压敏电阻器、XY 滤波电容器、共模电感器等组成。如图 8-6 所示为液晶电视中的 EMI 滤波电路。

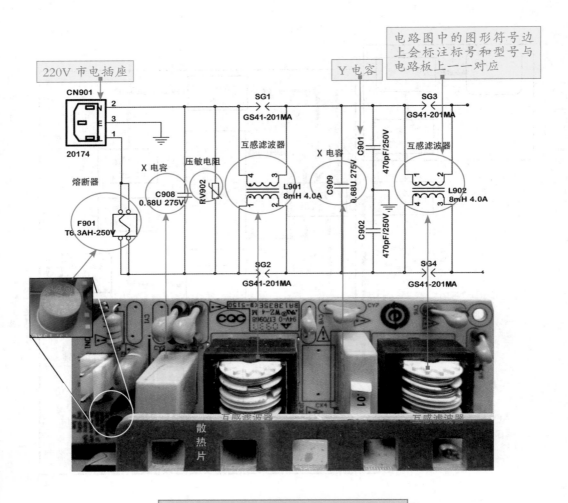

图 8-6　液晶电视中的 EMI 滤波电路

## 8.2.3　桥式整流滤波电路

桥式整流滤波电路主要负责将经过滤波后的 220V 交流电，进行全波整流，转变为直流电压，然后经过滤波后将电压变为市电电压的 $\sqrt{2}$ 倍，即 310V 直流电压。

　　开关电源电路中的桥式整流滤波电路，主要由桥式整流堆、高压滤波电容器等组成，如图 8-7 所示。

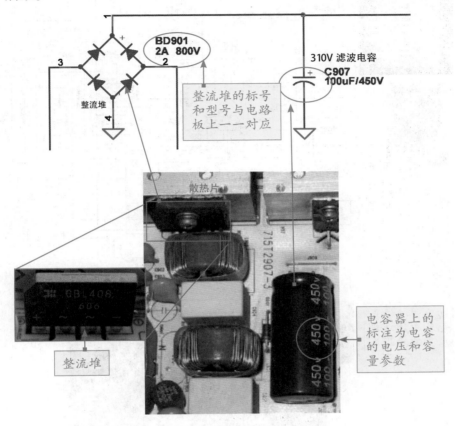

图 8-7　桥式整流滤波电路

　　图 7-7 中，BD901 是由 4 个二极管组成的桥式整流堆，C907 为高压滤波电容器，它们组成了桥式整流滤波电路。桥式整流滤波电路的工作特点是：脉冲小，电源利用率高。当 220 交流电进入桥式整流堆后，220V 交流电进行全部整流，之后转变为 310V 左右的直流电压输出。

## 8.2.4　功率因数校正（PFC）电路

　　在日常生活中许多人都有这样的体会，当打开大功率电器时，屋里的日光灯有时会出现短暂变暗后再恢复原来亮度的现象。同样，这时也会导致电视画面有轻微的震动。这些现象的原因就是用电器启动时，使电网的电流发生畸变所致。

　　为了防止电视中出现上述现象，通常在电视开关电源电路中增加一个 PFC（Power Factor Correction，功率因数校正）电路，以调节及平衡电流和电压之间的相位差，将供电电压和电流的相位校正为同相位，提高电源的功率因数。如图 8-8 所示为液晶电视 PFC 电路。

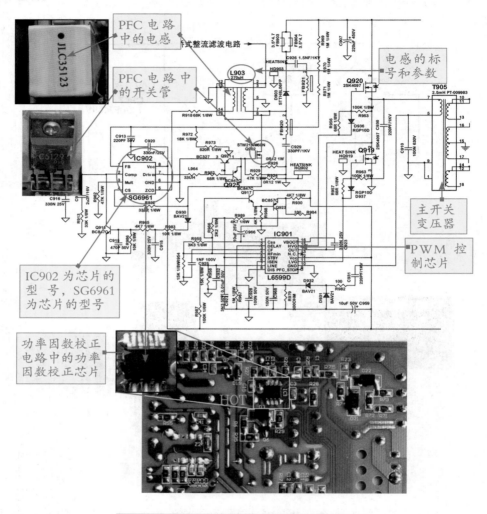

图 8-8　液晶电视 PFC 电路

　　PFC 电路分为有源 PFC 电路和无源 PFC 电路两种，在液晶电视中大多数采用有源 PFC 电路。

## 8.2.5　主开关振荡电路

　　主开关振荡电路的作用是通过 PWM 控制器输出的矩形脉冲信号，驱动开关管不断地开启 / 关闭，处于开关振荡状态。从而使开关变压器的初级线圈产生开关电流，开关变压器处于工作状态，在次级线圈中产生感应电流，再经过处理后输出主电压。

　　主开关振荡电路主要由主开关管、主 PWM 控制器、主开关变压器等组成。如图 8-9 所示为主开关振荡电路图。

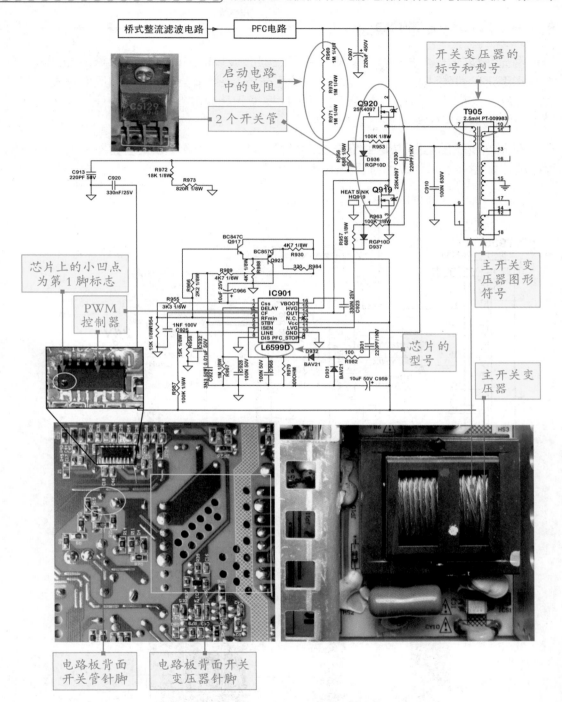

图 8-9　主开关振荡电路图

图 8-9 中，IC901（L6599D）为 PWM 控制器，它是开关电源的核心，它能产生频率固定而脉冲宽度可调的驱动信号，控制开关管的通 / 断状态，从而调节输出电压的高低，达到稳压的目的。Q920 和 Q919 为开关管，T905 为主开关变压器。

## 8.2.6  次级整流滤波电路

整流滤波输出电路的作用是将开关变压器次级端输出的电压进行整流与滤波，使之得到稳定的直流电压输出。因为开关变压器的漏感和输出二极管的反向恢复电流造成的尖峰，都形成了潜在的电磁干扰。因此要得到纯净的 5V 和 12V 电压，开关变压器输出的电压必须经过整流滤波处理。

整流滤波输出电路主要由整流双二极管、滤波电阻器、滤波电容器、滤波电感器等组成。如图 8-10 所示为整流滤波电路原理图。

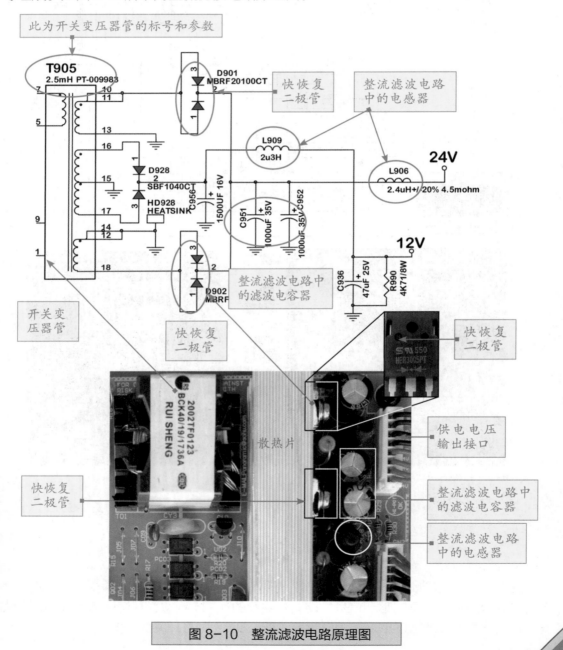

图 8-10  整流滤波电路原理图

## 8.2.7　稳压控制电路

由于 220V 交流市电是在一定范围内变化的，当市电升高，开关电源电路的开关变压器输出的电压也会随之升高，为了得到稳定的输出电压，在开关电源电路中一般都会设计一个稳压控制电路，用于稳定开关电源输出的电压。

稳压控制电路的主要作用是，在误差取样电路的作用下，通过控制开关管激励脉冲的宽度或周期，控制开关管导通时间的长短，使输出电压趋于稳定。

稳压控制电路主要由 PWM 控制器（控制器内部的误差放大器、电流比较器、锁存器等）精密稳压器（TL431）、光电耦合器、取样电阻等组成。如图 8-11 所示为稳压控制电路原理图。

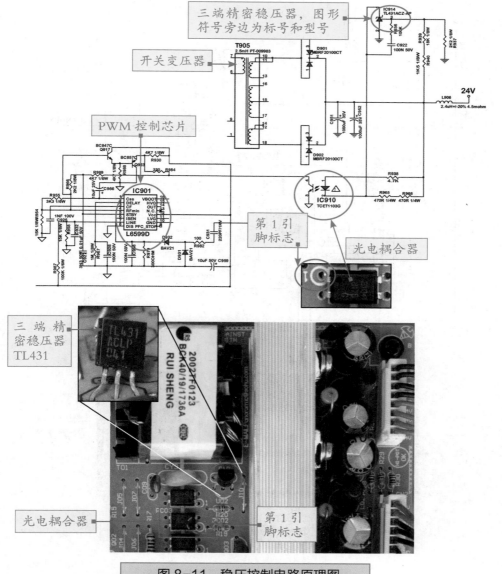

图 8-11　稳压控制电路原理图

## 8.2.8 副开关振荡电路

　　液晶电视的副开关振荡电路主要是为控制系统电路提供待机电压和正常工作后的电压，它主要将桥式整流滤波后的 +310V 左右直流电压经过开关振荡电路转换后，再经过整流滤波输出 +5V 待机电压。

　　副开关振荡电路主要由 PWM 控制芯片、副开关变压器、次级整流滤波电路（快恢复二极管、电感器、滤波电容器）、稳压电路（精密稳压器、光电耦合器）等组成。如图 8-12 所示为液晶电视副开关振荡电路。

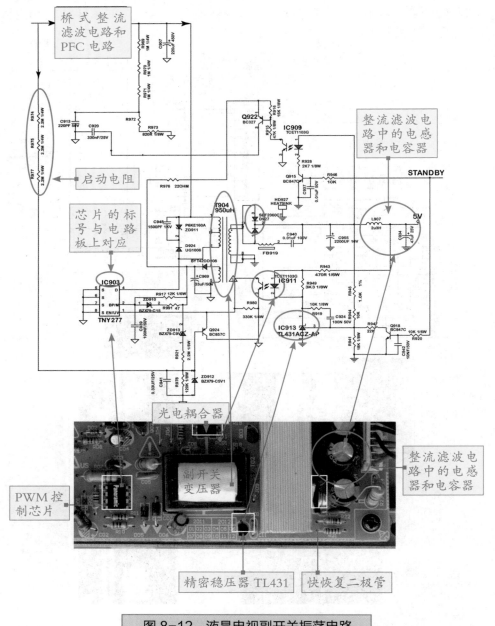

图 8-12　液晶电视副开关振荡电路

# 8.3 液晶电视开关电源电路的原理及常见电路

## 8.3.1 液晶电视开关电源电路的工作机制

　　液晶电视的电源电路一般采用开关电路方式，此电源电路将交流 220V 输入电压经过整流滤波电路变成直流电压，再由开关管斩波和高频变压器降压，得到高频矩形波电压，最后经整流滤波后输出液晶电视各个模块所需的直流电压。如图 8-13 所示为最基本的开关电源电路电路原理框图。

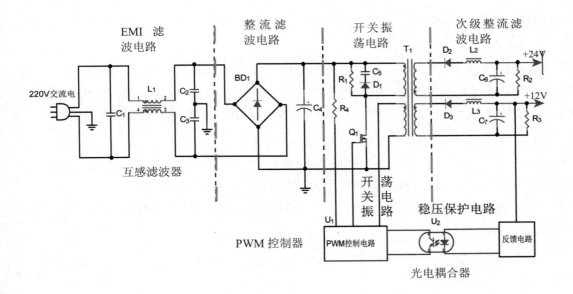

图 8-13　最基本的开关电源电路原理框图

　　图 8-13 中 C1、L1、C2、C3 组成一个 EMI 滤波电路，L1 为一个互感滤波器；BD1、C4 组成一个整流滤波电路，BD1 为一个桥式整流堆；Q1、U1、T1 组成一个开关振荡电路，Q1 为开关管，U1 为 PWM 控制器，T1 为开关变压器；D2、L2、C6、R2 组成次级整流滤波电路；D3、L3、C7、R3 组成另一组次级整流滤波电路；反馈电路、U2 和 U1 组成稳压保护电路，U2 为光电耦合器。

　　开关电源电路的基本工作机制如下：

当 220V 交流电接入开关电源板后，220V 交流电经过 C1、L1、C2、C3 组成一个 EMI 滤波电路，过滤掉电网中交流电的高频脉冲信号，防止电网中的高频干扰信号对开关电源的干扰，同时也起到减少开关电源本身对外界的电磁干扰。EMI 滤波电路实际上是利电感器和电容器的特性，使频率为 50Hz 左右的交流电可以顺利地通过滤波器，但高于 50Hz 以上的高频干扰杂波被滤波器滤除，因此 EMI 滤波电路又被称为低通滤波器，意义是低频可以通过，而高频则被滤除。

然后经过滤波后的 220V 交流电压 BD1、C4 组成一个桥式整流滤波电路后，在 C4 两端产生 310V 左右的直流电压。

310V 直流电压被分成几路：一路经过启动电路 R4 分压后，加到 PWM 控制器 U1 的供电引脚，为 PWM 控制器提供工作电压；另一路被加到开关变压器的初级线圈和开关管的漏极 D。PWM 控制器获得工作电压后，内部电路开始工作，输出矩形脉冲电压信号，此脉冲电压信号被加到开关管 Q1 的栅极 D，控制开关管的导通与截止。

当开关管 Q1 开始导通后，310V 直流电压流过开关变压器 T1 的初级线圈、开关管 Q1。此时，在开关变压器 T1 的次级线圈中产生感应电压，感应的电压为上负下正，因此整流二极管 D2、D3 截止，感应的电能以磁能的形式储存在开关变压器 T1 中。

当开关管 Q1 截止时，开关管 Q1 的集电极电位上升为高电平。此时，开关变压器 T1 的次级感应电压是上正下负，整流二极管 D2 和 D3 正向偏置而导通。此时开关变压器 T1 中储存的能量经整流二极管 D2 和 D3 整流后，向电感器 L2、L3，电容器 C6、C7，负载电阻器 R2、R3 释放，产生 24V 直流输出电压和 12V 直流输出电压，为其他负载电路提供供电电压。

同时，输出的电压经过反馈电路、U2 和 U1 组成的稳压保护电路后，达到稳定电压、过电流保护、过电压保护的作用。

开关变压器 T1 在这里可看作储能元件，当开关管 Q1 导通，但整流二极管 D2 和 D3 截止时，初级线圈储存能量；当开关管 Q1 截止时，T1 则释放能量，此时整流二极管 D2 和 D3 导通，向负载提供能量。

## 8.3.2　液晶电视开关电源电路工作原理

液晶电视中的开关电源电路，一般输出 +12V、+5V（小信号）供液晶电视信号处理电路使用以及 +5V（MCU）电压供 MCU 使用、+24V 电压供逆变器使用，如图 8-14 所示（以长虹 50Q2N 液晶电视为例）。

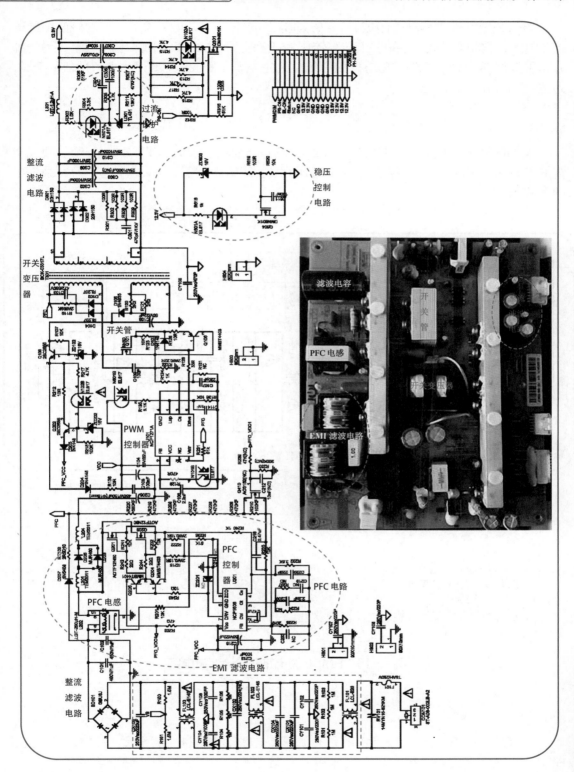

图 8-14　液晶电视开关电源电路图

该开关电源板由两部分组成：一部分是以集成芯片 NCP1606（U201）为核心组成的 PFC 电路，它将整流滤波后的 310V 直流电校正后提升到 380V，为主电源供电；另一部分是以集成芯片 NCP1271（U101）为核心组成的主电源电路，它主要产生 12V 和 24V 电压，为主板和背光灯板供电。

### 1. EMI 滤波电路和整流滤波电路

液晶电视开关电源板中的 EMI 滤波电路和整流滤波电路，如图 8-15 所示。液晶电视 EMI 滤波电路主要由电源输入接口、熔断器、压敏电阻器、XY 滤波电容器、共模电感器等组成。

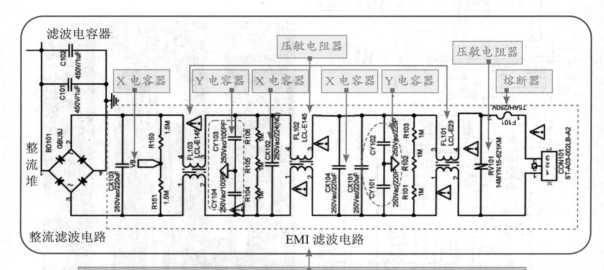

（1）开关电源电路开始工作时，首先市电 220V 交流电接入交流滤波电路，先经过熔断管 F101 和压敏电阻器 RV101 后，进入 EMI 滤波电路过滤高频干扰信号（EMI 滤波电路由共模电感器 FL101、FL012、FL103，X 电容器 CX101、CX102、CX103、CX104，Y 电容器 CY101、CY102、CY103、CY104 组成）。

（2）经过过滤后的交流电会被送入桥式整流电路（由整流堆 BD101 组成），经过全波整流后再经过滤波电容器 C101、C102 等滤波后，输出 310V 左右的直流电。由于电容器 C101、C102 的容量较小，因此只能产生 100Hz 脉动直流电压，送到 PFC 电路。

**图 8-15　EMI 滤波电路和整流滤波电路**

### 2. PFC 电路

此液晶电视开关电源板采用的是有源 PFC 电路，如图 8-16 所示。其中，U201PFC 控制器采用 NCP1606，与大功率场效应开关管 Q201、Q203 和 PFC 储能电感器 L202，升压二极管（整流二极管）D203、D206，PFC 大滤波电容器 C208 等外部元器件组成 PFC 电路。

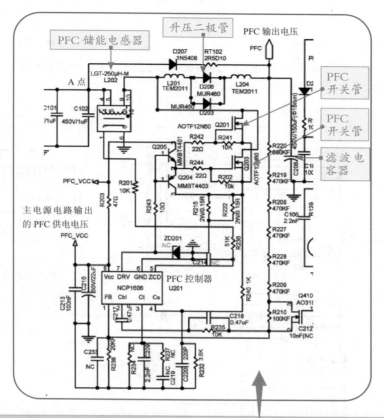

图 8-16 PFC 电路工作原理

（1）220V 交流市电整流滤波后，在 A 点产生 100Hz 脉动直流电压，经 PFC 储能电感器 L202 送到大功率 MOSFET 开关管 Q201 和 Q203 的 D 极；当主电源中的开关变压器开始工作后，从开关变压器感应的电压经过分压，过滤之后接入 PFC 控制器 U201 的第 8 脚（VCC），为其提供工作电压。

（2）U201 内部电路启动工作，从第 7 脚输出脉冲调制信号，驱动 MOSFET 开关管 Q201 和 Q203 导通和截止。PFC 储能电感器 L202 在 PFC 开关管 Q201 和 Q203 导通时储存能量，在 Q201 和 Q203 截止时释放能量，经升压二极管 D203 和 D206 升压后，经滤波电容器 C208 滤波后，输出 380V 的 PFC 电压。

（3）与此同时，PFC 输出电压经电阻器 R220、R219、R208、R227、R228、R209 和 R210 分压后送入 PFC 控制器 U201 的第 1 脚作为 PFC 输出电压的取样，用以调整控制信号的占空比，稳定 PFC 输出电压。

（4）PFC 电感器 L202 一次绕组 6-1 感应的脉冲经电阻器 R201、R236 限流后加到 U201 的第 5 脚零电流检测端，控制电路调整从第 7 脚输出的脉冲相位，从而控制 PFC 开关管 Q201 和 Q203 导通／截止时间，校正输出电压相位，减小 Q201 和 Q203 的损耗。

（5）PFC 供电电压经 R234 降压后加到 U201 的第 3 脚，为内部的误差放大器提供一个电压波形信号，与第 5 脚输入的过零检测信号一起，使第 7 脚输出的脉冲调制信号占空比随 100Hz 电压波形信号改变，实现了电压波形与电流波形同相，防止 PFC 开关管 Q201 和 Q203 在脉冲的峰谷来临时处于导通状态而损坏。

（6）稳压控制电路：PFC 电路输出的 380V 的电压，经 R220、R219、R208、R227、R228、R209 和 R210 分压后，送到 U201 第 1 脚内部乘法器的第二个输入端，经内部电路比较放大后，控制第 7 脚输出的脉冲，达到稳定输出电压的目的。

（7）过电流保护电路：U201 的第 4 脚为开关管过电流保护检测输入脚，电阻器 R232 是取样电阻，连接 U201 内部电流比较器，对 PFC 开关管 Q201 和 Q203 的 S 极电流进行检测。正常工作时，PFC 开关管 Q201 和 Q203 的 S 极电流在 R232 上形成电压降很低，反馈到 U201 第 4 脚的电压接近 0V。当某种原因导致 PFC 开关管 Q201 和 Q203 的 D 极电流增大时，则 R232 上的电压降增大，送到 U201 第 4 脚的电压升高，内部过电流保护电路启动，关闭第 7 脚输出的驱动脉冲，PFC 电路停止工作。

### 3. 主电源电路

此液晶电视开关电源板中的主电源电路主要包括：PWM 控制器 NCP1271A（U101）、开关管 Q101、开关变压器 T301、稳压控制电路 D103、D104、光电耦合器 N101B 等元器件组成，如图 8-17 所示。

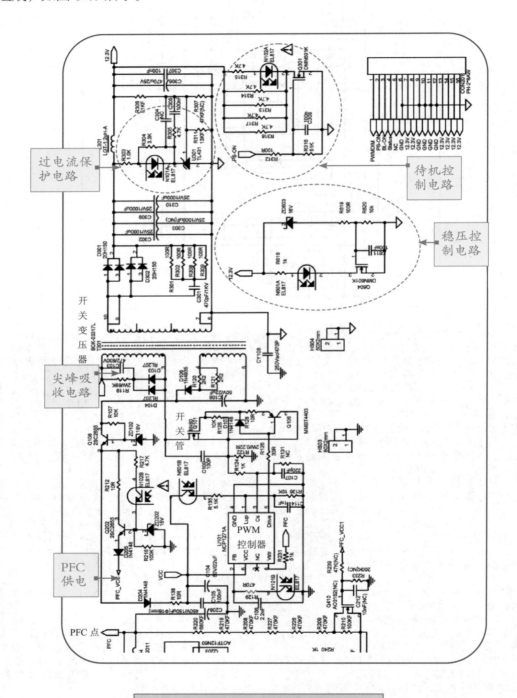

图 8-17　主电源电路

（1）液晶电视开关电源板通电后，220V 交流市电经 EMI 滤波电路、桥式整流滤波后，产生 100Hz 脉动直流电压，经 PFC 整流二极管 D203、D206、D207 后，在滤波电容器 C208 两端产生约 310V 直流电压（此时 PFC 电路未工作，图中 PFC 点电压为 310V；PFC 电路启动后，PFC 点电压上升到 380V），经变压器 T301 的绕组 3-1 加到开关管 Q101 的 D 极；220V 交流市电经 EMI 滤波电路、桥式整流滤波后，产生 100Hz 脉动直流电压经整流二极管 D207、启动电阻器 RT102、R231 分压后为 PWM 控制芯片 U101 的第 8 脚提供启动电压。

（2）U101 内部电路开始工作，进入振荡状态，产生振荡脉冲信号从第 5 脚输出，推动 MOSFET 开关管 Q101 导通和截止，在开关变压器 T301 中产生感应电压。其中，开关变压器 T301 的绕组 4-5 产生的感应电压经二极管 D106 整流，经电容器 C108 滤波，经三极管 Q108 和稳压二极管 ZD102 稳压后分为两路：一路经二极管 D204 整流和电阻器 R138 分压后，产生 14.5V 的 VCC 电压，加到 PWM 控制芯片 U101 的第 6 脚，为启动后的 U101 芯片提供工作电压。

（3）另一路经电阻器 R212 分压，经三极管 Q202、光电耦合器 N102（在输出 12V 电压后 N102 内部光电晶体管会导通）、和稳压二极管 ZD202 稳压，经整流二极管 D205 整流后输出 PFC_VCC 电压，送到 PFC 驱动芯片 U102 的第 8 脚，驱动 PFC 电路启动工作，将主电源的供电由启动时的 310V 提升到 380V。

（4）开关变压器 T301 二次绕组 9-10 的感应电压，通过快恢复双二极管 D301 和 D302 整流及电容器 C302、C303、C309、C310 滤波，经电感器 L301 和电容器 C306、C307 滤波后输出去 12.3V 直流电压。

（5）尖峰吸收电路：开关变压器 T301 的一次绕组 3-1 并联的电容 C103，二极管 D103、D104，电阻器 R119 组成尖峰吸收回路，开关管 Q101 的 D 极输出的脉冲电压经二极管 D103 和 D104 对电容器 C103 充电，使 Q101 截止时 D 极的尖峰脉冲电压被有效吸收，保护开关管 Q101 不被过高的尖峰脉冲击穿。

（6）稳压控制电路：由三端精密稳压器 U301 和光电耦合器 N101 组成。12.3V 输出电压，经电阻器 R306、R307 与 R311 分压后连接到 U301 的第 1 脚取样，经 U301 比较放大后产生误差电压，通过光电耦合器 N101 对开关电源一次侧 U101 的第 2 脚内部电路的脉冲占空比进行调整，达到稳压的目的。

（7）过电流保护电路：PWM 控制芯片 U101 的第 3 脚为开关管过电流保护检测输入脚，电阻器 R122 是取样电阻，通过 R124 连接 U101 内部电流比较器，对 MOSFET 开关管 Q101 的 S 极电流进行检测。正常工作时，MOSFET 开关管 Q101 的 S 极电流在 R122 上形成电压降很低，反馈到 U101 第 3 脚的电压接近 0V。当某种原因导致 MOSFET 开关管 Q101 的 S 极电流增大时，则 R122 上的电压降增大，送到 U101 第 3 脚的电压升高，内部过电流保护电路启动，关闭第 5 脚输出的驱动脉冲，主电源停止工作。

（8）过电压保护电路：由 16V 稳压管 D603、场效应管 Q604、光电耦合器 N601、分压电阻器 R135、R136 组成。对主电源输出的 12V 电压进行检测。主电源输出 12V 电压超过 16V 时，击穿 16V 稳压管 D603，使场效应管 Q604 导通，使光电耦合器 N601 的第 1 脚电压升高而导通，向主电源 PWM 控制芯片 U101 的过电流保护检测输入端第 1 脚送去高电平，当第 1 脚电平高于 8V 时，U101 内部保护电路启动，主电源停止工作。

（9）待机状态：待机时，主板控制系统经连接器 CON201 第 2 脚送来的 PS-ON 变为低电平，使 Q301 截止，光电耦合器 N102 停止工作，继而 PFC_VCC 停止为 PFC 控制芯片供电，PFC 电路停止工作，PFC 点变为 310V，电视机进入待机状态。

 ## 8.4 LED 背光驱动电路的原理及常见电路

目前主流的液晶电视一般都将 LED 背光供电及驱动电路和开关电源电路设计在一起，由开关电源电路产生的 30~200V 直流电压为 LED 背光驱动电路提供供电，产生 LED 驱动电压驱动 LED 灯条发光。

### 8.4.1 LED 背光供电电路工作原理

如图 8-18 所示为 NCP1396 电源管理芯片组成的 LED 背光供电电压电路。

（1）220V 交流电压经过整流滤波，进行功率因数校正后得到 380V 左右的直流电压（图中的 PFC）送入由电源管理芯片 N802（NCP1396）组成的 DC-DC 变换电路。

（2）380V 的 PFC 电压经过电阻器 R874、R875、R876、R877 分压后送入 N802 第 5 脚进行欠电压检测，经运算放大输出跨导电流。同时，第 10 脚得到 VCC1 供电，软启动电路开始工作，内部控制器对频率、驱动定时等设置进行检测，正常后输出振荡脉冲。

（3）电源管理芯片 M802 的第 4 脚外接定时电阻器 R880；第 2 脚外接频率钳位电阻器 R878，电阻大小可以改变频率范围；第 7 脚为死区时间控制，可以从 150ns 到 1μs 之间改变。第 1 脚外接软启动电容器 C855；第 6 脚为稳压反馈取样输入；第 8 脚和第 9 脚分别为故障检测脚。

（4）当 N802 的第 12 脚得到供电，第 5 脚的欠电压检测信号也正常时，N802 开始正常工作。VCC1 电压加在 N802 第 12 脚的同时，还经过稳压二极管 VD839、电阻器 R885 供给 N802 的第 16 脚，C864 为倍压电容，经过倍压后的电压为 195V 左右。

（5）从 N802 第 11 脚输出的低端驱动脉冲通过电阻器 R860 送入 MOS 管 V840 的 G 极，稳压二极管 VD837、R859 为灌流电路；第 15 脚输出的高端驱动脉冲通过电阻器 R857 送入 MOS 管 V839 的 G 极，稳压二极管 VD836、R856 为灌流电路。

（6）当 MOS 管 V839 导通时，380V 的 PFC 电压流过 V839 的 D-S 极、变压器 T902 初级绕组、C865 形成回路，在变压器 T902 初级绕组形成下正上负的电动势；同理，当 MOS 管 V840 导通，MOS 管 V839 截止时，在变压器 T902 初级绕组形成上正下负的感应电动势，感应电压由变压器耦合给次级线圈。其中一路电压经过稳压二极管 VD853、C848 整流滤波后得到 100V 直流电压送往 LED 驱动电路，作为其工作电压。

（7）次级另一绕组经过 R835、VD838、VD854、C854、C860 整流滤波后得到 AUDIO（12V）电压给主板伴音部分提供工作电压。次级还有一路绕组经过 VD852、C851、C852、C853 整流滤波后得到 12V 电压。

（8）由 R863、R864、R865、R832、R869、N842 组成的取样反馈电路通过光电耦合器 N840 控制 N802 第 6 脚，使其次级线圈输出的各路电压稳定。C866、R867 组成取样补偿电路。

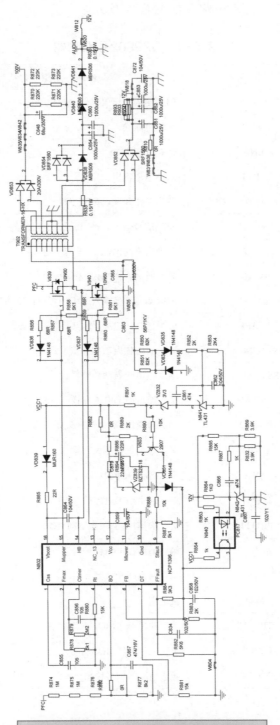

图 8-18　LED 供电电压电路图

## 8.4.2 LED 背光驱动电路工作原理

下面以 OZ9902 驱动芯片为例讲解 LED 背光驱动电路工作原理，OZ9902 芯片引脚功能如表 8-1 所示，LED 驱动电路图如图 8-19 所示。

表 8-1  OZ9902 引脚功能

| 引 脚 序 号 | 引 脚 名 称 | 引 脚 功 能 |
| --- | --- | --- |
| 1 | UVLS | LED输入电压欠电压保护检测 |
| 2 | VCC | 工作电压输入 |
| 3 | ENA | ON/OFF端 |
| 4 | VREF | 基准电压输出 |
| 5 | RT | 芯片工作频率设定和主辅模式设定 |
| 6 | SYNC | 同步信号输入／输出，不用可以悬空 |
| 7 | PWM1 | 第一通道的PWM调光信号输入 |
| 8 | PWM2 | 第二通道的PWM调光信号输入 |
| 9 | ADIM | 模拟调光信号输入，不用可以设定为3V以上 |
| 10 | TIMER | 保护延时设定端 |
| 11 | SSTCMP1 | 第一通道软启动和补偿设定 |
| 12 | SSTCMP2 | 第二通道软启动和补偿设定 |
| 13 | ISEN2 | 第二通道LED电流取样 |
| 14 | PROT2 | 第二通道PWM调光驱动MOS端 |
| 15 | OVP2 | 第二通道过电压保护检测 |
| 16 | ISW2 | 第二通道OCP检测 |
| 17 | ISEN1 | 第一通道LED电流取样 |
| 18 | PROT1 | 第一通道PWM调光驱动MOS |
| 19 | OVP1 | 第一通道过电压保护检测 |
| 20 | ISW1 | 第一通道OCP检测 |
| 21 | GND | 接地端 |
| 22 | DRV2 | 第二通道升压MOS驱动 |
| 23 | DRV1 | 第一通道升压MOS驱动 |
| 24 | FAULT | 异常情况下信号输出 |

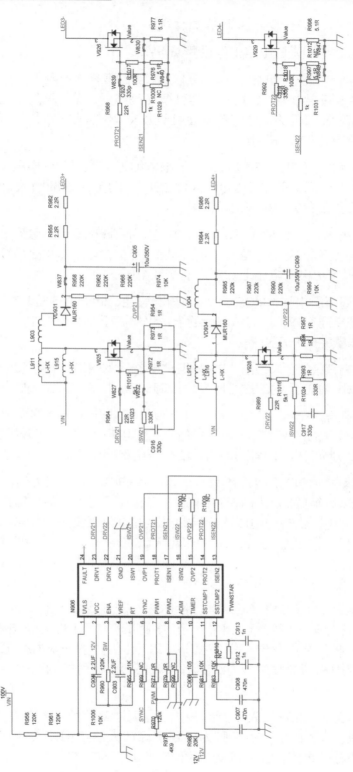

图8-19　LED 背光灯驱动电路图

## 1. 驱动脉冲形成和和升压电路工作过程

驱动脉冲形成和和升压电路工作过程如下：

（1）在电视机二次开机后，当驱动芯片 N906 第 2 脚得到 12V 工作电压后，其第 3 脚得到高电平（开启电平），第 9 脚得到调光高电平，第 1 脚欠电压检测脚检测到有 4V 以上的高电平时，驱动芯片 N906 就会启动进入工作状态，从第 2 脚输出驱动脉冲，驱动 MOS 管 V925 工作在开关状态。

（2）电路开始工作时，负载 LED 上的电压约等于输入 VIN 电压（100V）。正半周时，MOS 管 V925 导通，储能电感器 L911、L915 上的电流逐渐增大，开始储能，在电感器的两端形成左正右负的感应电动势。

（3）负半周时，MOS 管 V925 截止，电感器两端的感应电动势变为左负右正，由于电感器上的电流不能突变，与 VIN 电压叠加后通过续流二极管 VD931 给输出电容器 C905 充电，二极管负极的电压上升到大于 VIN 电压。

（4）正半周再次来临，MOS 管 V925 再次导通，储能电感器 L911、L915 重新储能，由于二极管不能反向导通，这时负载上的电压仍然高于 VIN 上的电压。正常工作以后，电路重复上述步骤完成升压过程。

（5）由电阻器 R972、R973、R954 组成电流检测网络，检测到的信号送入驱动芯片 N906 第 20 脚，在芯片内部进行比较，控制 MOS 端 V925 的导通时间。

（6）由电阻器 R958、R962、R966 和 R974 组成升压电路的过电压检测电路，连接至驱动芯片 N906 的第 19 脚。第 19 脚内接基准电压比较器，当升压驱动电压升高时，其内部电路也会切断 PWM 信号的输出，使升压电路停止工作。

（7）在驱动芯片 N906 内部还有一个延时保护电路，由 N906 第 10 脚的内部电路和外接电容器 C906 组成。当各路保护电路送来起控信号时，保护电路不会立即动作，而是先给 C906 充电。当充电电压达到保护电路的设定阈值时，才输出保护信号，从而避免出现误保护现象。也就是说，只有出现持续的保护信号时，保护电路才会动作。

## 2. PWM 调光控制电路

调光控制电路由 MOS 管 V926 等电路组成，V926 受控于驱动芯片 N906 第 7 脚的 PWM 调光控制，当第 7 脚为低电平时，第 18 脚的 PROT11 也为低电平，MOS 管 V926 不工作。当第 7 脚为高电平时，第 18 脚的 PROT11 信号不一定为高电平，因为假如输出端有过电压或短路情形发生，内部电路会将 PROT1 信号拉为低电平，使 LED 与升压电路断开。

由电阻器 R977、R976、R1029 组成电流检测电路，检测到的信号送入驱动芯片 N906 的第 17 脚（ISEN11），第 17 脚为内部运算放大器正相输入端，检测到的 ISEN11 信号在芯片内部进行比较，以控制 MOS 管 V926 的工作状态。

第 11 脚外接补偿电路，也是传导运算放大器的输出端。此端也受 PWM 信号控制，当 PWM 调光信号为高电平时，放大器的输出端连接补偿网络。当 PWM 调光信号为低电平时，放大器的输出端与补偿网络被切断，因此补偿网络内的电容电压一直被维持，一直到 PWM 调光信号再次为高电平时，补偿网络又才连接放大器的输出端。这样可确保电路工作正常，以及获得非常良好的 PWM 调光反应。

# 8.5 实战检测——液晶电视开关电源电路故障维修

液晶电视的故障有很大一部分都是由电源部分故障引起的，通常在检测液晶电视故障时，都会首先检测其电源供电电压是否正常。下面总结电源部分故障维修检测方法。

## 8.5.1 电源开关管被击穿损坏的检修

一般情况下，开关管击穿短路，往往连带损坏 PWM 控制芯片及过电流保护取样电阻等。在维修过程中，由于措施不当，还会再次发生损坏。下面分析开关管击穿故障维修方法。

（即扫即看）

### 1. 电源开关管击穿故障原因分析

发现开关管击穿后，先不要急于更换，要先查清原因。造成开关管击穿损坏的原因有以下几方面。

（1）稳压控制回路有开路性故障。

（2）尖峰吸收电路发生故障。

（3）交流供电过高，滤波电容器失容。

### 2. 开关管被击穿故障检修方法

开关管被击穿故障检修方法如下：

（1）首先拆下开关管，然后静态检查有无明显短路故障元器件，若有予以更换。

（2）在不加电的情况下，通过电阻法对稳压控制电路元器件逐一进行检查，并更换损坏的元器件。对主要元器件不能放过。如果大意，则会再次发生击穿开关管的故障，如图 8-20 所示。

（3）用电阻法检查电压输出端对地电阻，如果对地阻值为 0 或很小，则负载有短路故障。如果对地阻值正常，则检查过电流保护取样电阻是否正常；检查尖峰吸收电路元器件是否正常，如图 8-21 所示。

（4）当完成以上检查并更换损坏元器件后，在不装开关管的情况下进行通电试机。确认电源管理芯片有波动电压输出后，才可以装上开关管。

用数字万用表的二极管挡，将黑表笔接精密稳压器两端的一脚。

将红表笔接精密稳压器两端的另一引脚。测量阻值，之后对换表笔再测量。

图 8-20　检测精密稳压器

用数字万用表的二极管挡，将黑表笔接电压输出引脚。

将红表笔接地，测量输出端的对地电阻。

图 8-21　测量输出端引脚的对地阻值

（5）加电检查 +310V 电压是否正常，不正常检查整流滤波电路。如果正常，则检查电源管理芯片、启动电阻器、滤波电容器、稳压二极管等元器件，如图 8-22 所示。

用数字万用表欧姆挡的 2M 挡测量，将黑表笔接电阻器的一端。

将红表笔接电阻器的另一端，测量阻值是否正常。

图 8-22　检测启动电阻器

（6）检查开关变压器次级线圈有无短路元器件，如果没有，接上假负载。然后将稳压电源输出电压调到 80 ~ 100V，用稳压电源给显示器供电。并检查开关电源输出电压是否正常，若还不正常，重复以上检查。

（7）当开关电源工作后，检查输出电压是否正常。逐渐调高交流输入电压，检查开关电源输出电压是否稳定。如果不稳定，则检查稳压电路；若输入电压在 140 ~ 240V 间变化，输出直流电压能稳定不变，表明开关电源修好了。

提示：假负载检修法也是对电源进行保护性检修的一种方法，尤其是当电源输出电压过高，为防止过高电压对负载造成损坏尤为重要。其方法为：脱开各直流电压输出端与负载的连接，在主电压整流滤波电容器 C855 两端接入一个 220V/60W 灯泡（如用 300Ω/50W 电阻更好）。

## 8.5.2　开关电源电路无电压输出故障维修

如果液晶电视无法开机，应先检测副开关电源电路输出的 5V 待机电压是否正常，如果 5V 待机电压正常，则应该是系统控制电路中的问题；如果 5V 待机电压不正常，应先检查副开关电源电路中的问题。

（即扫即看）

当液晶电视的开关电源电路出现故障，无电压输出时，按照下面的方法进行检修。

（1）首先检查开关电源电路板中有无明显损坏的元器件，重点检查熔断器、滤波电容器等有无发黑、漏液等故障现象。并检测液晶电视的 220V 电压输入接口电压是否正常，如图 8-23 所示。

用数字万用表交流电压750V挡测量，将黑表笔接电源接口的N端。

将红表笔接电源接口的L端，测量 220V 电压。

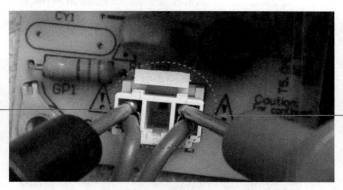

图 8-23　测量电源输入插座

（2）测量桥式整流滤波电路中 310V 滤波电容器，两端是否有 310V 直流电压，如图 8-24 所示。

（3）如果没有 310V 直流电压，则检测交流输入电路中的熔断器是否烧断、压敏电阻器、滤波电容器等是否损坏，如图 8-25 所示。如果熔断器被烧断，则先检测稳压控制电路和保护电路中有无短路的元器件。

用数字万用表直流电压 1 000V 挡测量，将黑表笔接电容器的负端。

将红表笔接电容器的正极测量电压。

图 8-24　测量 310V 直流电压

用数字万用表二极管挡测量，将黑表笔接压敏电阻器的一端。

将红表笔接压敏电阻器的另一端测量阻值。

图 8-25　检测交流滤波电路

（4）如果交流滤波电路中没有元器件损坏，则检测整流堆和 310V 滤波电容器是否损坏，如图 8-26 所示。

先将滤波电容器放电，然后用指针万用表的 R×10k 挡测量，将黑表笔接电容器的一端。

将红表笔接电容器的另一端，观察指针变化，正常指针会有一个摆动。

图 8-26　测量 310V 滤波电容器

（5）如果桥式整流滤波电路中 310V 压正常，则检查 PFC 电路输出的 400V 电压是否正常，如果不正常，检测 PFC 电路中的驱动芯片、电感器、开关管等元器件，如图 8-27 所示。

用数字万用表的二极管挡测量，将黑表笔接二极管的一端。

将红表笔接二极管的另一端测量阻值，之后再对调两表笔测量。

图 8-27　检测 PFC 电路

（6）若 PFC 电路输出电压正常，则检测开关变压器的次级线圈是否有电压（测量次级连接的快恢复二极管正极的电压），如图 8-28 所示。

将黑表笔接地，测量次级线圈的感应电压。

用数字万用表的直流电压 200V 挡测量，将红表笔接快恢复二极管的正极端。

图 8-28　检测开关变压器次级线圈电压

（7）如果有，则检测次级整流滤波电路中的滤波电容器、快恢复二极管、电感器等元器件，如图 8-29 所示。

用数字万用表的二极管挡测量，将红表笔接电感器的一端。

将黑表笔接电感器的另一端，测量电感器是否损坏。

图 8-29　检测整流滤波电路

（8）若次级整流滤波电路正常，再检测稳压控制电路和保护电路中的光电耦合器、取样电阻器、精密稳压器等元器件，如图 8-30 所示。

用数字万用表的欧姆挡测量，将红表笔接电阻器的一端。

将黑表笔接电阻器的另一端，测量取样电阻器的阻值。

图 8-30　检测精密稳压器

（9）若开关变压器次级电压不正常，则检查 PWM 控制芯片的启动引脚是否有启动电压，如图 8-31 所示。

（10）如果启动电压不正常，检测启动电阻器。如果正常，则检测输出端在开机瞬间有无高低电平跳变。如果没有，则是 PWM 控制芯片或周围元器件有损坏，如图 8-32 所示。

（11）若 PWM 控制芯片输出端有输出电压，则重点检测开关管是否损坏，如图 8-33 所示。

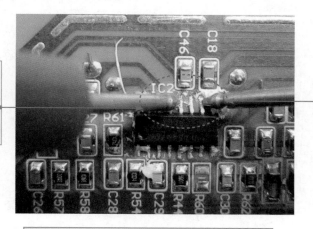

用数字万用表的
20 直流电压挡
测量，将红表笔
接 PWM 芯片的
VCC 引脚。

将黑表笔接
芯片的 GND
引脚。

图 8-31　测量启动电压

用数字万用表二
极管挡测量，将
红表笔接电容器
的一端。

将黑表笔接电容
器的另一端，测
量电容器是否短
路漏电。

图 8-32　测量启动电压

用数字万用表的
二极管挡，将红
表笔接开关管的
一只引脚。

将黑表笔接开
关管的另一只
引脚，测量两
脚间的阻值。

图 8-33　检测开关管

# 第**9**章

## 空调器开关电源电路故障分析与检测实战

在空调器使用过程中，如果开关电源电路出现问题，可能会出现无法开机启动、频繁停机等故障。本章将重点总结空调器开关电源供电电路的工作原理、常见故障分析及维修实践。

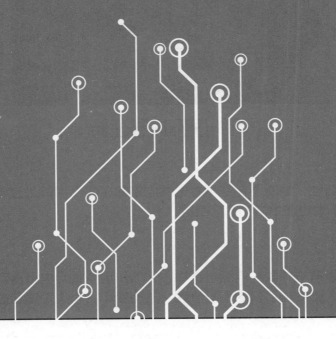

# 9.1 看图说话：空调器开关电源电路组成

空调器电源供电电路主要将 220V 供电电压转换成空调器各个系统需要的工作电压（如 300V、15V、3.3V 等）。下面先看图认识空调器中的电源电路。

电源供电电路主要的元器件包括交流电 220V 输入接口、熔断器、压敏电阻器、滤波电容器、互感滤波器、整流二极管、桥式整流堆、开关控制芯片、光电耦合器、开关变压器、稳压二极管等。如图 9-1 所示为开关电源电路的主要元器件。

图 9-1　开关电源电路的主要元器件

### 1. 熔断器

熔断器又称熔丝。熔断器在空调器电源电路的主要作用就是过电流保护和短路保护。如图 9-2 所示为电路中常见的熔断器。

### 2. 压敏电阻器

压敏电阻器通常被并联在电源电路中，它的作用就是当电阻器两端的电压发生变化超出额定值时，压敏电阻器的电阻值就会急剧变小，呈现短路状态。此时，串联在电路中的熔断器就会自动熔断，进而起到保护电路的作用。如图9-3所示为电路中的压敏电阻器。

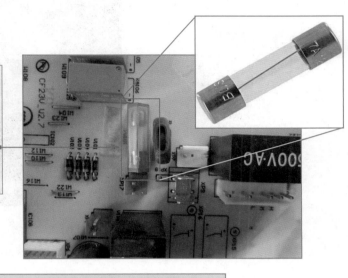

当空调器电路发生故障时，电路中的电流会因为故障而不断升高，这样就会损坏电路中某些重要的元器件和电路，此时熔断器就会自动熔断切断电流，从而起到保护电路的作用。

**图9-2　空调器电路中的熔断器**

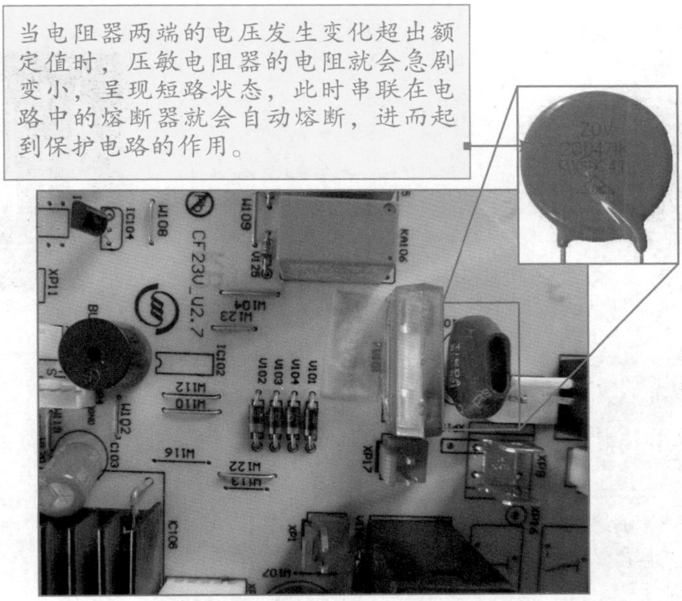

当电阻器两端的电压发生变化超出额定值时，压敏电阻器的电阻就会急剧变小，呈现短路状态，此时串联在电路中的熔断器就会自动熔断，进而起到保护电路的作用。

**图9-3　压敏电阻器**

3. 高频滤波电容器

在电源电路中还有很多滤波电容器，它们在电源电路中的作用主要是过滤交流电中的高频脉冲信号，防止电网中的高频脉冲信号对开关电源电路的干扰。它的作用与共模电感器作用相似。如图 9-4 所示为交流滤波电路中的滤波电容器。

高频滤波电容器的作用与互感滤波器作用相似，防止电网中的高频脉冲信号对开关电源电路的干扰。

图 9-4　滤波电容器

4. 共模电感器

电源电路中的共模电感器如图 9-5 所示。

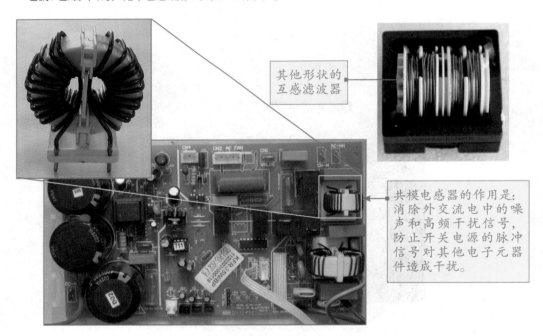

其他形状的互感滤波器

共模电感器的作用是：消除外交流电中的噪声和高频干扰信号，防止开关电源的脉冲信号对其他电子元器件造成干扰。

图 9-5　互感滤波电感器

5. 桥式整流堆

在电源电路中桥式整流堆的作用是将交流电转换为直流电，即将 220V 交流电压整流为 310V 的直流电压。如图 9-6 所示为桥式整流堆。

图 9-6　电源电路中的桥式整流堆

### 6. 大容量滤波电容器

大容量滤波电容器在电源电路中的作用主要是对 310V 或 24V 直流电压进行滤波，使其变得平滑稳定。如图 9-7 所示为滤波电容器。

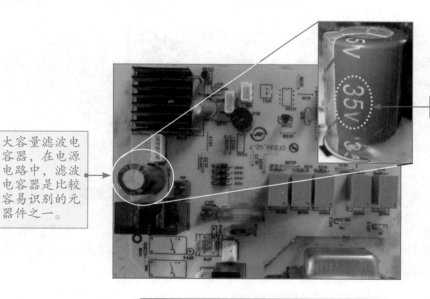

图 9-7　电源电路中的滤波电容器

### 7. 开关变压器

开关变压器的主要构造就是初级线圈、次级线圈和铁心，它主要是利用电磁感应的原理来改变交流电压的。如图 9-8 所示为开关变压器。

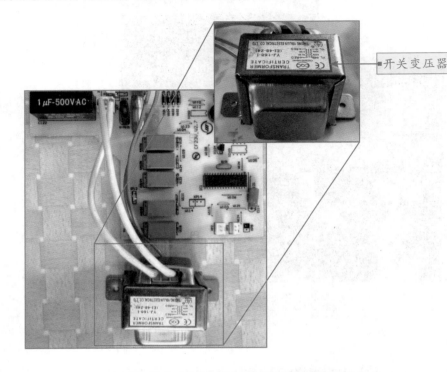

→ 开关变压器

图 9-8　开关变压器

### 8. 开关控制芯片

在开关电源电路中，开关控制的作用是将直流电转变为脉冲电流，它内部的开关管与开关变压器一起构成一个自激式间歇振荡器。如图 9-9 所示开关控制芯片。

通常因为在高电压和大电流的环境下，比较容易产生大量的热量，所以一般故障率较高。

### 9. 光电耦合器

图 9-9　开关控制芯片

光电耦合器是以光为媒介传输电信号的一种电—光—电转换器件。它由发光源和受光器两部分组成。光电耦合器的主要作用是将电源输出电压的误差反馈到开关控制器芯片上，然后开关控制器根据反馈信号调整输出的脉冲信号，达到调节变压器输出的电压的目的。

光电耦合器对输入、输出电信号有良好的隔离作用，所以，它在各种电路中得到广泛的应用。在空调器电源电路中被最广泛地应用于电源电路、通信电路、检测电路等电路中。

如图 8-10 所示为空调电路中的光电耦合器。

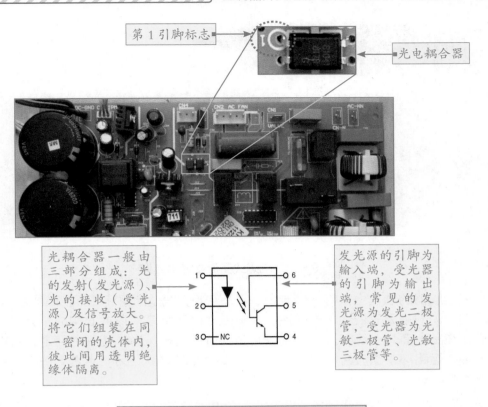

图 9-10　光电耦合器及其内部结构图

第 1 引脚标志

光电耦合器

光耦合器一般由三部分组成：光的发射（发光源）、光的接收（受光源）及信号放大。将它们组装在同一密闭的壳体内，彼此间用透明绝缘体隔离。

发光源的引脚为输入端，受光器的引脚为输出端，常见的发光源为发光二极管，受光器为光敏二极管、光敏三极管等。

## 10. 交流接触器

交流接触器是根据电磁感应原理做成的广泛使用的电力自动控制开关，常见的交流接触器实物如图 9-11 所示。

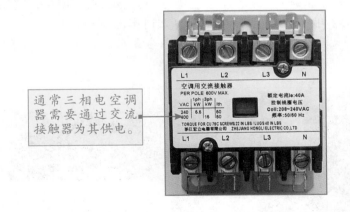

通常三相电空调器需要通过交流接触器为其供电。

图 9-11　交流接触器

交流接触器由灭弧系统、触点系统、电磁系统构成，如图 9-12 所示。

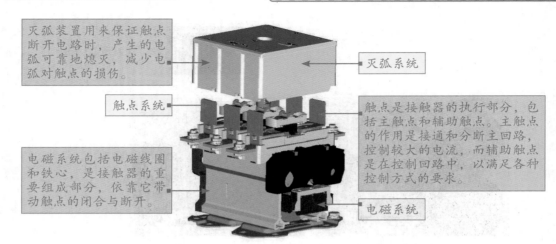

灭弧装置用来保证触点断开电路时，产生的电弧可靠地熄灭，减少电弧对触点的损伤。

灭弧系统

触点系统

触点是接触器的执行部分，包括主触点和辅助触点。主触点的作用是接通和分断主回路，控制较大的电流，而辅助触点是在控制回路中，以满足各种控制方式的要求。

电磁系统包括电磁线圈和铁心，是接触器的重要组成部分，依靠它带动触点的闭合与断开。

电磁系统

图 9-12　电磁式交流接触器结构

交流接触器的触点由银钨合金制成，具有良好的导电性和耐高温烧蚀性。交流接触器的动作动力来源于衔铁（电磁铁），电磁铁由两个 E 字形铁心构成，其中一半是静铁心，在其上面套有线圈。工作电压有多种可供选择。为了使磁力稳定，衔铁的吸合面安装了短路环，交流接触器在断电后，依靠弹簧复位。另一半是动铁心，用于控制触点的通、断。

当线圈没有供电时，线圈不产生磁场，动铁心不动作，触点处于断开状态，交流接触器不能为压缩机供电；当线圈有电压输入时，线圈产生的磁场使触点吸合，交流接触器开始为压缩机供电，压缩机开始工作。

11.　IPM 模块

IPM 模块（Intelligent Power Module）又称变频模块，它是实现由直流电转变为交流电从而驱动压缩机运转的关键器件。它是一种智能的功率模块，它将 6 个 IGBT 管连同其驱动电路和多种保护电路封装在一起（如过电流保护电路、欠电压保护电路、过电压保护电路等），从而简化设计，提高了整个系统的可靠性。如图 9-13 所示为 IPM 模块和内部结构。

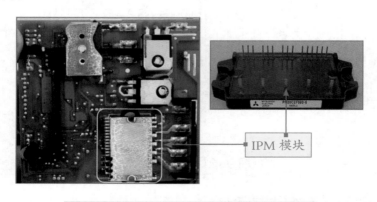

IPM 模块

图 9-13　IPM 模块和内部结构

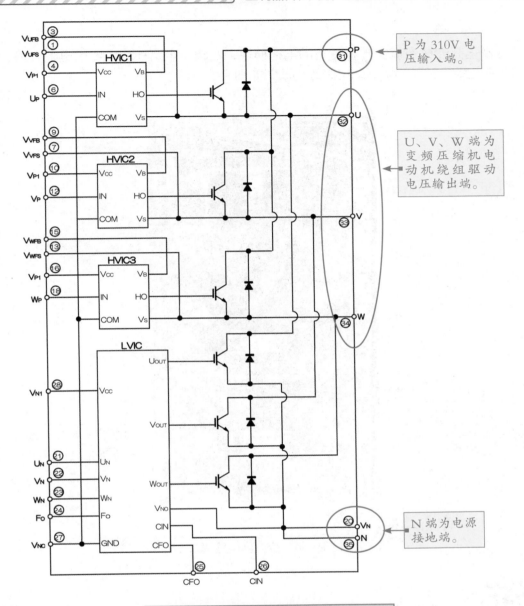

**图 9-13　IPM 模块和内部结构（续）**

　　IPM 模块内置栅极驱动和保护电路，保护功能有控制电源欠电压锁定保护、过热保护和短路保护，一些六管封装的 C 型模块还具有过电流保护功能。当其中任一种保护功能动作时，IGBT 栅极驱动单元就会关断门极电流，并输出一个故障信号。此故障信号送到微处理器，然后由微处理器发出控制信号，关断 IPM 输入端电压，达到保护的目的。

　　目前生产 IPM 模块的厂家主要有三菱、三洋、仙童等公司，主要产品包括：PS21564-P/SP、PS21865/7/9-P/AP、PS21964/5/7-AT/AT、PS21246、PS21765/7、FSBS15CH60、PM20CEF060-5 等。

12. 变频器

变频器是变频空调室外机特有的电路模块，变频器电路模块主要由电源电路、室外机控制电路、IPM 模块驱动电路等构成，如图 9-14 所示。

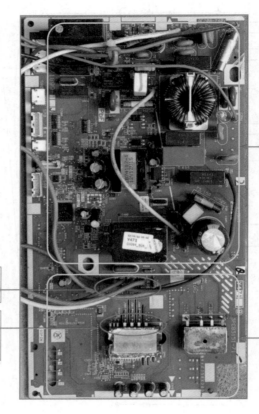

电源电路和控制电路

变频压缩机连接线

IPM 模块 U、V、W、P、N 端

IPM 模块驱动电路

图 9-14　变频器电路模块

# 9.2 空调器电源供电电路的原理及常见电路

各个空调厂家在设计空调器电源供电电路时，根据需要采用的电源电路会有所不同，但总体来说其工作原理基本类似。下面重点讲解采用变压器降压 + 稳压器调压方式的电源供电电路工作原理。

采用变压器降压 + 稳压器调压方式的电源供电电路主要由交流滤波电路、变压器、整流滤波电路、线性稳压器电路等组成。如图 9-15 所示为电源供电电路工作原理图。

下面详细讲解各单元电路的工作原理。

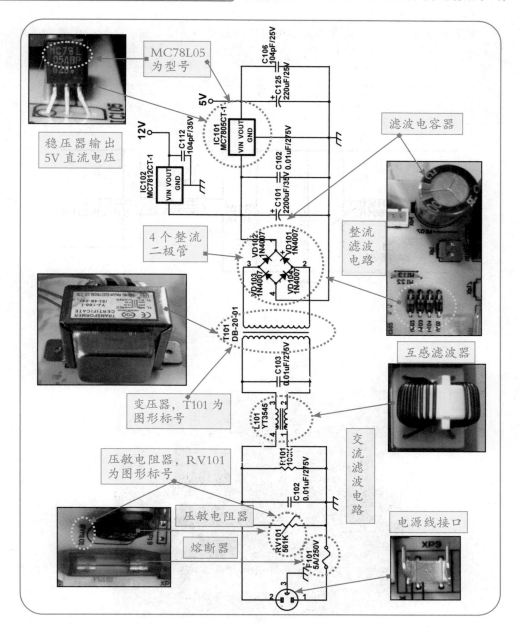

**图 9-15　变压器降压 + 稳压器电源电路图**

## 9.2.1　交流滤波电路工作原理

　　交流滤波电路在空调电源电路中的主要作用是负责过滤掉 220V 交流电中的噪声和高频脉冲干扰，另外交流滤波还起到过电流保护和过电压保护的作用，如图 9-16 所示。

电源电路中的交流滤波电路主要由电源输入接口、熔断器、压敏电阻器、滤波电容器、共模电感器等元器件组成。

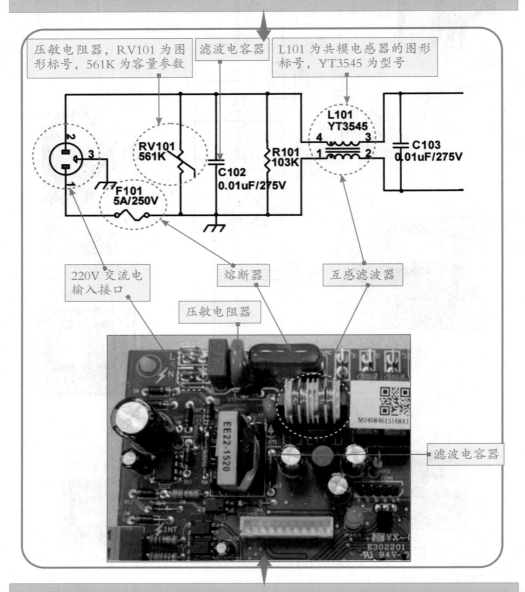

压敏电阻器，RV101 为图形标号，561K 为容量参数

滤波电容器

L101 为共模电感器的图形标号，YT3545 为型号

220V 交流电输入接口

熔断器

互感滤波器

压敏电阻器

滤波电容器

交流滤波电路的工作原理如下：当交流电输入接口接通市电 220V 后，220V 交流电先通过熔断器 F101 和压敏电阻器 RV101，再通过由电容器 C102、限流电阻器 R101、共模电感器 L101、电容器 C103 组成的 EMI 滤波抗干扰电路充分滤波后，使电流变成比较稳定、平滑、干净的交流电。

如果电路在工作过程中，输入的交流电电压过高时，压敏电阻器 RV101 通过的电流突然增大，同时串联的熔断器 F101 的电流也突然增大。当电流过高时，F101 就是自动熔断，切断电流，以保护电源电路中的关键元器件。

图 9-16　交流滤波电路

## 9.2.2 变压器降压电路及桥式整流滤波电路工作原理

变压器降压电路比较简单，主要由变压器来完成，变压器主要由初级线圈、次级线圈和铁心组成，主要利用电磁感应的原理来改变交流电压。当交流滤波电路输出的交流电经过变压器变压后，变成15V左右的交流电压。如图9-17所示为电源变压器。

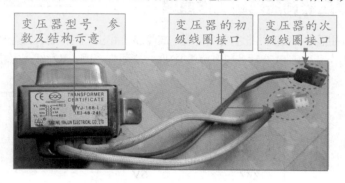

变压器型号，参数及结构示意

变压器的初级线圈接口

变压器的次级线圈接口

**图9-17 电源变压器**

在电源电路中，桥式整流滤波电路的主要作用是将交流滤波电路滤波后的交流电再次进行全波整流，转变为直流电压。桥式整流滤波电路主要由4只二极管（或桥式整流堆）、滤波电容器等组成。如图9-18所示为桥式整流滤波电路。

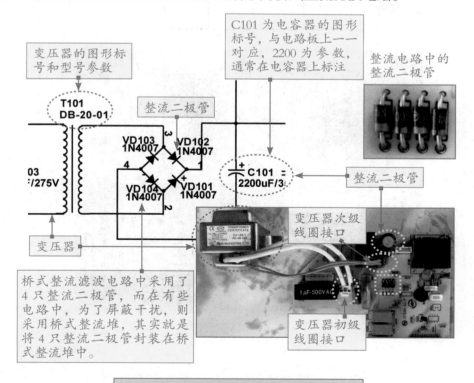

变压器的图形标号和型号参数

C101为电容器的图形标号，与电路板上一一对应，2200为参数，通常在电容器上标注

整流电路中的整流二极管

整流二极管

整流二极管

变压器次级线圈接口

变压器

变压器初级线圈接口

桥式整流滤波电路中采用了4只整流二极管，而在有些电路中，为了屏蔽干扰，则采用桥式整流堆，其实就是将4只整流二极管封装在桥式整流堆中。

**图9-18 桥式整流滤波电路**

其工作原理为：变压器 T101 将 220V 交流电压经过变压后输出 15V 的交流电压，经过 VD101、VD102、VD103、VD104 等组成的桥式整流堆整流，再经过滤波电容器 C101 滤波后，输出 22V 的直流电压，最后输出给线性稳压器电路中的其他电路。

## 9.2.3 线性稳压器调压电路工作原理

线性稳压器调压电路的功能主要是将桥式整流后的直流电压，经过线性稳压器调压稳压后，输出需要的12V和5V等稳定的直流电压。如图9-19所示为线性稳压器电路原理图。

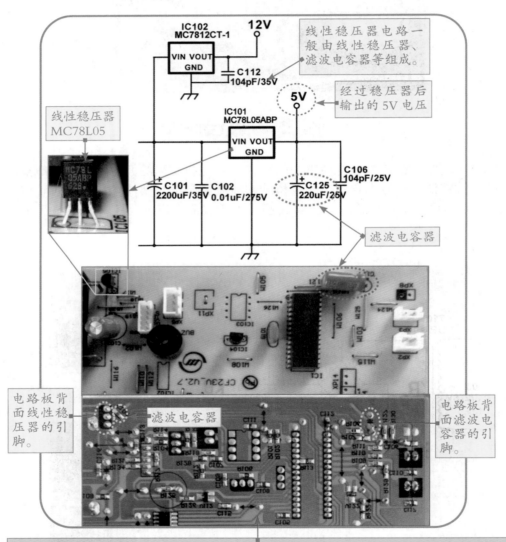

当电路开始工作后，桥式整流滤波电路输出的 22 V 直流电压，经过三端稳压器 IC102 稳压，电容器 C112 滤波后，获得 12V 直流电压，为继电器、步进电动机等供电。同时，桥式整流滤波电路输出的 22V 直流电压，经过三端稳压器 IC101 稳压，滤波电容器 C125、C106 滤波后，输出 5V 直流电压，为微处理器、操作键电路、显示电路等供电。

图 9-19　线性稳压器电路原理图

## 9.2.4 开关稳压电源电路工作原理

开关稳压电源电路是很多电器的电源电路普遍采用的供电方式，如图 9-20 所示。

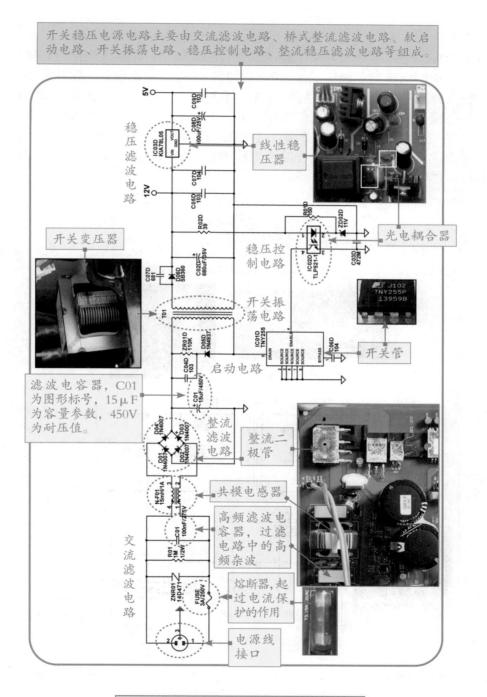

图 9-20 开关稳压电源电路

　　开关稳压电源电路中的交流滤波电路和桥式整流滤波电路等与前面讲解的"变压器降压 + 稳压器电源电路"中的工作原理完全相同，这里不再重复讲解。下面将从软启动电路开始讲解。

### 1. 软启动电路工作原理

　　开关电源的输入电路大都采用整流加电容滤波电路。在输入电路合闸瞬间，由于电容器上的初始电压为零会形成很大的瞬时冲击电流，特别是大功率开关电源，其输入采用较大容量的滤波电容器，其冲击电流可达 100A 以上。在电源接通瞬间如此大的冲击电流幅值，往往会导致输入熔断器烧断，有时甚至将合闸开关的触点烧坏，轻者也会使空气开关合不上闸，上述原因均会造成开关电源无法正常投入。为此几乎所有的开关电源在其输入电路设置防止冲击电流的软启动电路，以保证开关电源正常而可靠的运行，如图 9-21 所示。

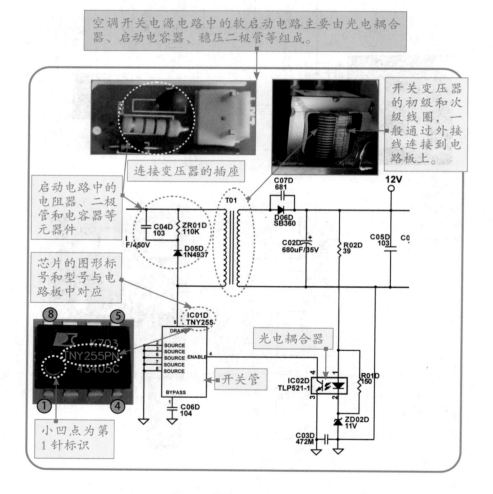

図 9-21　软启动电路

软启动电路工作原理如下：

（1）在开机的瞬间，市电经过交流滤波电路、桥式整流滤波电路处理后，变成 310V 直流电压，加在变压器 T01 的初级线圈。同时 IC01D 开关管的第 5 脚变成高电平，IC01D 内部的开关管导通，由变压器和开关管形成的开关振荡电路开始工作，在变压器 T01D 的次级产生 12V 直流电压。此电压经过电阻器 R02D 和 R01D 分压后，加在光电耦合器 IC02D、电容器 C03D 和稳压管 ZD02D 的两端。此时电容器 C03D 开始充电，在电容充电的过程中，光电耦合器 IC02D 的第 2 脚电位由低逐渐升高到正常值，使它内部的光电晶体管导通电流由强逐渐下降到正常，为 IC01D 的控制端 ENABLE（第 4 脚）提供的电压也是由大逐渐降低到正常，使开关管导通时间由短逐渐延长到正常，至此整个启动过程结束。

（2）软启动电路避免了开机瞬间由于 C02D、C05D 滤波的作用，不能及时为光电耦合器 IC02D 提供正常的误差取样信号，导致 IC02D 不能为 IC01D 提供正常的控制电压，可能会引起开关管在开机瞬间过激励损坏。

### 2. 开关振荡电路工作原理

开关振荡电路主要由开关控制芯片、开关变压器等元器件组成，它的主要作用是通过开关控制芯片输出的矩形脉冲信号，驱动开关管不断地进行开/关，使其处于开关振荡状态，从而使开关变压器的初级线圈产生开关电流，开关变压器处于工作状态，在次级线圈中产生感应电流，再经过处理后输出电压。

图 9-21 所示为开关振荡电路原理图，从图中我们可以看出，IC01D 芯片以 TNY255 为开关控制芯片，T01 为开关变压器。

开关振荡电路的工作原理如下：

（1）当市电交流滤波电路滤波，桥式整流滤波电路整流滤波后，转换为 310V 直流电压，经滤波电容器 C01 滤波后供给开关变压器 T01 的初级。同时经 ZR01 和 D05D 加到开关控制芯片 IC01D 的第 5 脚。该集成电路为整个开关电源的核心，内含一个功率 MOS 管、130kHz 的方波发生器及占空比调整电路；输出电压采样及反馈回路由 IC02D 和 ZD02D 组成，通过对输出电压 12V 和 5V 的联合采样，调节光电耦合器 IC02 的输出电流，控制 IC01D 的第 5 脚达到调节 130kHz 的方波发生器的占空比，控制 IC01D 内部 MOS 管的导通时间，从而稳定输出电压。

（2）该开关电源为反激式开关电源，当 IC01D 内部 MOS 开关管导通时，能量全部储存在开关变压器 T01 的初级，次级未能感应出电动势，整流二极管 D06D 不导通，次级相当于开路，负载由滤波电容器提供能量；当 IC01D 内部的开关管截止时，此时开关变压器 T01 初级线圈上的电流瞬间变成 0，初级线圈的电动势为下正上负，而在次级线圈上感应出上正下负的电动势，此时二极管 D06D 处于导通状态，此时开始输出电压，此电压经过高频滤波电容器 C02D 滤波后得到 12V 直流电压。

（3）由于在开关控制芯片内部的开关管截止时，开关变压器 T01 的初级线圈还有电流，为防止随开关开/闭所发生的电压浪涌，电路中设置了由二极管 D06D 和电容器 C07D 组成的滤波缓冲电路。

### 3. 稳压控制电路工作原理

稳压控制电路在开关电源电路中的主要作用是用来稳定开关电源输出的电压。因为 220V 交流电存在变化，当市电升高时，开关电源电路的开关变压器输出的电压也随之升高。为了得到稳定的输出电压而设置了稳压控制电路，如图 9-22 所示。

（1）空调电源电路的稳压控制电路主要由光电耦合器、取样电阻和稳压器等组成。其中，光电耦合器的作用是将开关电源输出电压的误差反馈到开关控制芯片上。它的工作原理就是在光电耦合器输入端加电信号驱动发光二极管，使之发出一定波长的光，被光探测器接受而产生光电流，再经过进一步放大后输出，从而起到输入、输出、隔离的作用。

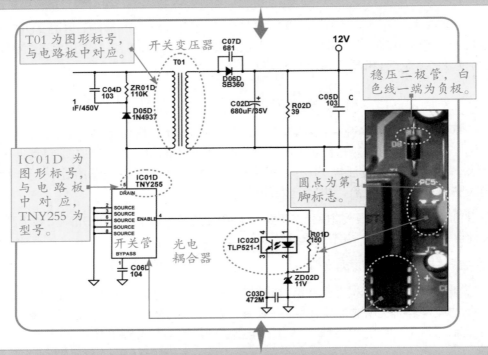

（2）工作时，直流电压输出的 +12V 电压经过电阻器 R01D、R02D 分压后，到达稳压器 ZD02D 及光电耦合器 IC02D。使光电耦合器导通，于是 12V 电压就可以通过光电耦合器和稳压器，使光电耦合器发光，光电耦合器开始工作，完成工作电压的取样。

（3）当变压器的次级线圈输出电压升高时，此时经过电路分压电阻分压输入到稳压器的电压也将升高。同时，使流过光电耦合器内部的发光二极管的电流逐渐增大，发光二极管的亮度也逐渐增强，光电耦合器内部的光电晶体管的内阻同时变小，光电晶体管的导通程度也逐渐加强，最终导致光电耦合器第 4 脚的输出电流增大。

（4）光电耦合器第 4 脚电流增大，与之相连接的开关控制芯片的反向输入端电压降低，于是开关控制芯片内部开关管导通的时间缩短，就会控制开关变压器的次级线圈输出电压降低，从而达到降压的目的，整个运行就构成了过电压输出反馈电路，最终实现了稳定输出的作用。

（5）当直流输出端的电压降低时，流过光电耦合器发光二极管的电流减小，与之相连接的开关控制芯片的反向输入端电压升高，于是开关控制芯片内部的开关管导通的时间增长，就会控制开关变压器的次级线圈输出电压升高，从而达到升压的目的。

图 9-22　稳压控制电路

### 4. 整流稳压滤波电路工作原理

输出端整流稳压滤波电路的作用是将开关变压器次级线圈输出的电压进行整流与滤波。因为开关变压器的漏感和输出二极管的反向恢复电流造成的尖峰都形成了潜在的电磁干扰，所以开关变压器输出的电压必须经过整流滤波处理后，才能再输送给其他电路。

输出端整流稳压滤波电路主要由整流二极管、滤波电容器等组成，如图 9-23 所示。

（1）当开关变压器 T01 的次级线圈产生下正上负的感应电动势时，次级线圈上连接的二极管 D06D 处于截止状态，此时能量被储存起来。当开关变压器 T01 次级线圈为上正下负的电动势时，变压器次级线圈上连接的整流二极管 D06D 被导通，然后开始输出直流电压。

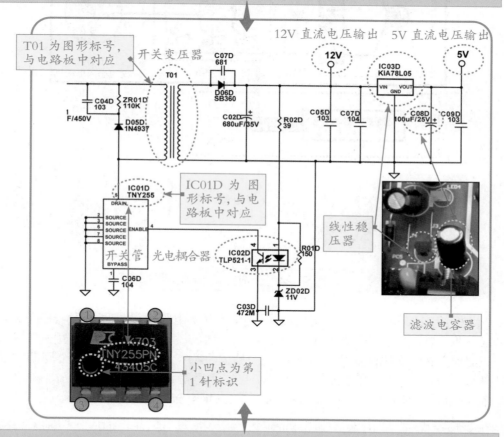

（2）当开关变压器的次级线圈通过整流二极管 D06D 开始输出 12V 电压时，12V 电压通过由电容器 C07D 滤波电路过滤后，过滤掉因为整流二极管 D06D 产生的浪涌电压。然后 12V 电压再经过电容器 C02D、C05D 构成的滤波电路过滤掉交流干扰信号，再输出纯净的 12V 直流电压。

（3）同时，12V 直流电压经过稳压器 IC03D 稳压后，经过滤波电容器 C08D、C09D 滤波后输出 5V 直流电压。

图 9-23　整流稳压滤波电路

### 9.2.5 交流变频驱动电路工作原理

如图 9-24 所示的交流变频驱动电路中，变频驱动器主要由 IPM 模块组成，通过 U、V、W 端为交流感应电动机的三相（R、S、T）绕组供电。

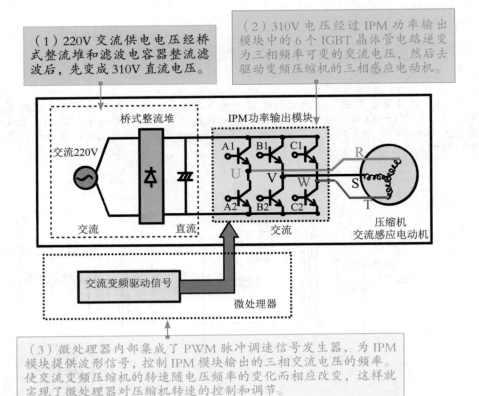

（1）220V 交流供电电压经桥式整流堆和滤波电容器整流滤波后，先变成 310V 直流电压。

（2）310V 电压经过 IPM 功率输出模块中的 6 个 IGBT 晶体管电路逆变为三相频率可变的交流电压，然后去驱动变频压缩机的三相感应电动机。

（3）微处理器内部集成了 PWM 脉冲调速信号发生器，为 IPM 模块提供波形信号，控制 IPM 模块输出的三相交流电压的频率。使交流变频压缩机的转速随电压频率的变化而相应改变，这样就实现了微处理器对压缩机转速的控制和调节。

**图 9-24　交流变频控制电路**

IPM 模块内部的 6 个 IGBT 管构成上下桥式驱动电路。微处理器发出的 PWM 控制信号使每只 IGBT 管在每个周期中导通 180°，且同一桥壁上两只 IGBT 管一只导通时，另一只必须关断。相邻两相的元器件导通相位差 120°，这样在任意一个周期内都有三只功率管导通，接通三相负载。当 PWM 控制信号输入时，A1、A2、B1、B2、C1、C2 各功率管顺序分别导通，从而输出频率变化的三相交流电使压缩机运转。

在变频过程中，为了使空调器的制冷或制热能力与负荷相适应，控制系统将根据检测到的室温和设定温度的差值，通过微处理器运算，产生控制运转频率变化的信号，此信号又控制 IPM 模块输出的交流电压的频率。

### 9.2.6 直流变频驱动电路工作原理

如图 9-25 所示为直流变频控制电路。由于直流电动机的定子上绕有电磁线圈，采用永久磁铁作为转子。当施加在电动机上的电压升高时，转速加快；当电压降低时，转速下降。直流变频压缩机就是利用这种原理来实现压缩机转速的变化。

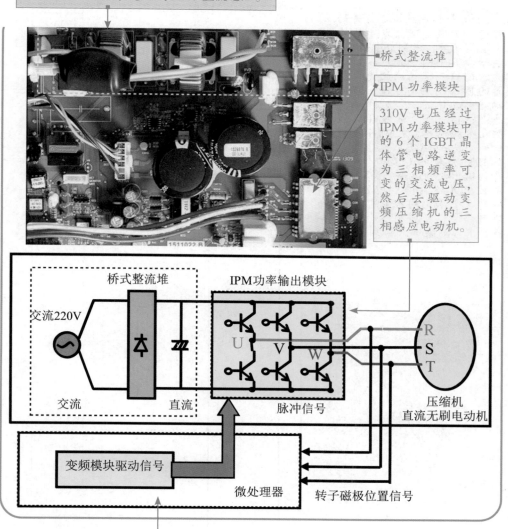

220V 交流供电电压经桥式整流堆和滤波电容器整流滤波后，先变成 310V 直流电压。

桥式整流堆

IPM 功率模块

310V 电压经过 IPM 功率模块中的 6 个 IGBT 晶体管电路逆变为三相频率可变的交流电压，然后去驱动变频压缩机的三相感应电动机。

微处理器内部集成了 PWM 脉冲调速信号发生器，为 IPM 模块提供波形信号，控制 IPM 模块输出的直流电压的高低，继而实现了微处理器对压缩机转速的控制和调节。

图 9-25　直流变频控制电路

## 9.2.7 IPM 模块驱动控制电路工作原理

IPM 接口电路主要由微处理器（PWM 脉冲输出端口）、光电耦合器、压缩机变频电源驱动端子 U、V、W 三部分组成，如图 9-26 所示。

（1）当变频压缩机准备开始工作时，由微处理器发出的低电平控制信号，送到 PC1~PC6 光电耦合器中两个光电耦合器的输入端口，将相应的光电耦合器的输入端置高电平，其输出端光电晶体管一直处于导通状态，将控制信号输入 IPM 模块的信号控制端，控制 IPM 模块内部相应的 IGBT 管导通。然后 IPM 模块的 U、V、W 端口开始输出变频压缩机驱动电压，压缩机开始运转。IPM 模块上桥臂 3 个单元的控制电源分别单独供电，下桥臂 3 个单元的控制电源则集中供电。

（2）当 IPM 模块检测到过电流、或过电压等故障时，通过 FOUT 输出低电平信号，此信号被送到 PC7 的输入端口，PC7 的输入端置高电平，其输出端光电晶体管一直处于导通状态，将故障信号输入输送到微处理器中。然后微处理器向 PC1~PC6 输入高电平信号，控制 IPM 模块内部的 IGBT 管全部截止，停止输出压缩机驱动电压。压缩机停止运转，起到保护压缩机的目的。

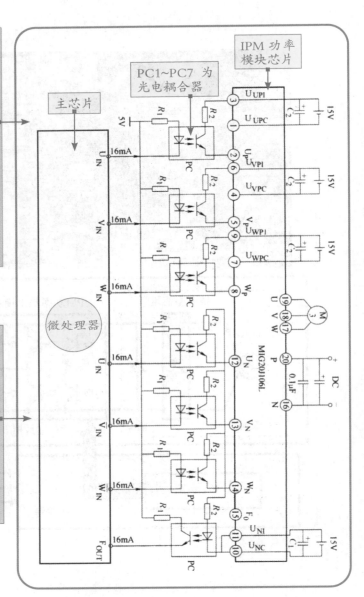

图 9-26 IPM 模块驱动控制电路工作原理

## 9.3 实战检测——空调器电源故障测试点及维修

维修空调器时，在对故障原因分析之后，就要对故障原因进行诊断排查，这就需要通过对关键测试点进行测试诊断。下面总结空调器维修中会遇到的各种关键故障测试点。

### 9.3.1 室内/室外机电源电压测试点及维修

在室内机开机无反应的情况下，先检查室内机是否有电源。通常蓝色零线和棕色火线电压为交流 220V，如图 9-27 所示。

测量电压时，将数字万用表挡位调到交流 400V 挡，然后将红表笔接火线，黑表笔接零线测量电压，正常电压在 220V 左右。

图 9-27　测量室内机电源电压

在室内机工作而室外机无反应或工作异常的情况下，先检查室外机接线盒室外机电源电压是否正常。变频空调工作电源正常值在交流 150~260V 之间，且不能快速波动，如图 9-28 所示。

测量室外机电压时，将数字万用表挡位调到交流 400V 挡，然后将红表笔接火线（一般为 1 号端子），黑表笔接零线（2 号端子）测量电压。变频空调正常电压为 150~260V，且不能快速波动。定频空调正常电压为 220V 左右。

图 9-28　测量室外机电源电压

### 9.3.2 熔断器故障测试点及维修

在室外机输入的交流电源正常，但仍不工作或显示电压保护的情况下，对室外机电源电路中的检测。在电源供电电路中，熔断器故障率比较高，一般在检测电源供电电路中其他元器件之前应先检测熔断器是否损坏。熔断器维修方法如图 9-29 所示。

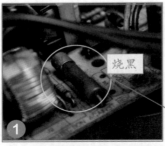

首先对熔断器进行目测观察，如果观察到熔断器表面有黄黑色污物或炸裂，说明熔断器烧坏（一般是滤波电容器、整流堆、开关管等元器件被击穿引起的）。

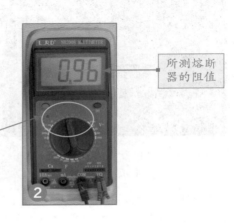

所测熔断器的阻值

将万用表调到欧姆挡200M挡测量。

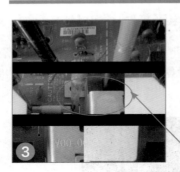

将红表笔接熔断器的一端，将黑表笔接熔断器的另一端，测量其阻值。

图 9-29 检测熔断器

实际测量阻值为 0.96MΩ，与熔断器标注阻值相当，可以判断熔断器正常。如果测得数值为无穷大，则说明熔丝被烧坏。此时应进一步检查电路，否则即使更换新的熔断器后，还有可能被烧坏。

### 9.3.3 整流后直流电压故障测试点及维修

在室外机交流电源正常，但仍不工作或显示电压保护的情况下，对室外机电源电路中大容量铝电解电容端电压进行检测，正常电压值为直流 310V 左右。其维修方法如图 9-30 所示。

首先观察滤波电容器外观是否爆裂、烧焦等情况。如果有，则电容器损坏，直接更换。如果外观正常，先清洁电容器引脚准备测量。

将万用表的量程调到直流电压 400 挡。

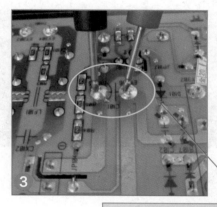

将空调器通电，打开电源开关，然后在通电状态下，用万用表的两支表笔分别接电解电容器的两个引脚，此时可测得待测直流电压值为 308V。

图 9-30  检测滤波电容器

由于检测到该电容的电压为 308V（与 310V 非常接近），可以判断此电容器正常。如果检测的电压值很小或趋近于 0V，则该滤波电容器损坏。

## 9.3.4  整流堆故障测试点及维修

在室外机交流电源正常，但电源电路整流后的直流电压不正常的情况下，对电源电路中的整流堆进行检测，其维修方法如图 9-31 所示。

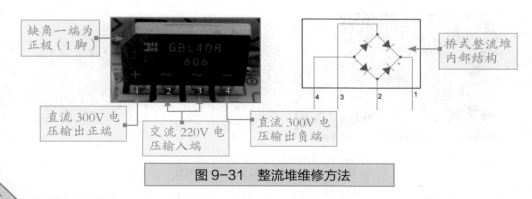

缺角一端为正极（1 脚）

桥式整流堆内部结构

直流 300V 电压输出正端

交流 220V 电压输入端

直流 300V 电压输出负端

图 9-31  整流堆维修方法

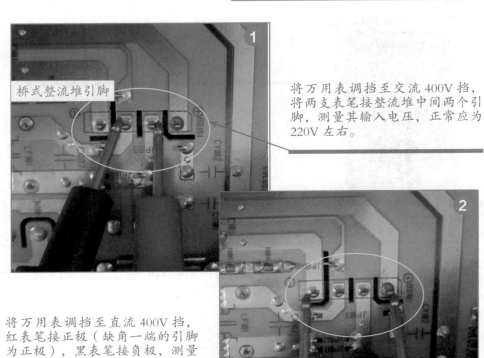

将万用表调挡至交流 400V 挡，将两支表笔接整流堆中间两个引脚，测量其输入电压，正常应为 220V 左右。

将万用表调挡至直流 400V 挡，红表笔接正极（缺角一端的引脚为正极），黑表笔接负极，测量整流堆输出的直流电压，正常应为 310V 左右。正负极分别在两端。

图 9-31　整流堆维修方法（续）

如果测量的整流堆输入电压正常，而输出电压不正常，说明整流堆损坏；如果测量的输入电压不正常，则需要继续检测输入端电路中的元器件。

## 9.3.5　主芯片 5V 电压测试点及维修

在 310V 整流滤波电压正常的情况下，接下来测量主芯片 5V 电压，此电压主要为控制电路中的集成芯片等提供供电，在空调器电路中通常采用稳压器稳压后得到，在检查故障时，只要检测稳压器输出电压即可判断其好坏，如图 9-32 所示。

（1）将万用表调挡至直流 40V 挡，红表笔接稳压器第 3 脚（输出脚），黑表笔接第 2 脚（中间引脚），测量稳压器输出的电压，正常应为 5V。
（2）如果电压不正常，再将红表笔接第 1 脚（输入脚），测量输入电压，如果输入电压正常，则是稳压器损坏。

图 9-32　测量稳压器 5V 电压

## 9.3.6 IPM 模块输出给压缩机电压测试点及维修

变频空调器在外风机工作但压缩机不工作时，可测量 IPM 模块驱动压缩机的电压，两相间的电压应在 0~160V 之间且相等，否则功率模块损坏，如图 9-33 所示。

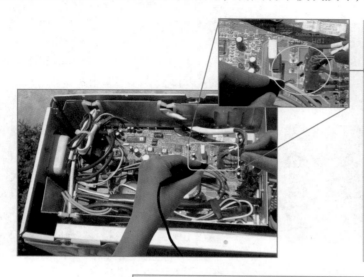

（1）将万用表调挡至直流 400V 挡，红表笔分别接 IPM 模块 U、V、W 引脚，黑表笔接 N 脚（接地），测量输出的压缩机驱动电压，正常应为 0~160V，且三个脚输出的电压相等。

（2）如果输出的驱动电压不正常，再将红表笔接 P 脚（电压输入脚），测量输入电压，正常为 310V 左右。若输入电压正常，则是 IPM 模块损坏。

图 9-33　测量 IPM 模块输出电压

提示：也可以通过测量 IPM 模块引脚间阻值来判断好坏。用指针万用表的 R × 1k 挡，红表笔、黑表笔接模块的 N 端、P 端，此时电阻应为 ∞，将两表笔交换测量，此时电阻应为 1kΩ。如果测量的阻值不相符，说明 IPM 模块损坏。

将万用表黑表笔接模块正极（P），红表笔分别接 U、V、W 引脚，正常情况下三相电阻值应相等，阻值为 200 ～ 800kΩ。如果其中任何一相阻值与其他两相阻值不同，则功率模块损坏。

## 9.3.7 IPM 模块 15V 电压故障测试点及维修

如果空调器显示模块保护或压缩机不工作时，可以检测 IPM 模块直流 15V 工作电压是否正常，如图 9-34 所示。

测量时，将万用表调到直流 40V 挡，然后将红表笔接模块供电引脚端连接的稳压二极管引脚，黑表笔接电路板上的公共地，测量电压，正常电压为 15V 左右。

图 9-34　测量 IPM 模块 15V 电压

## 9.3.8 IPM 功率模块测试点及维修

IPM 功率模块输入端的直流电压（P、N 端之间）一般为 260~310V，而输出的交流电压一般不应高于 220V。如果功率模块的输入端直流电压不正常，则表明该机的整流滤波电路有故障，与功率模块无关；如果直流电压正常，而 U、V、W 三相间无低于 220V 均等的交流电压输出或 U、V、W 三相输出的电压不均等，则可初步判断功率模块有故障。IPM 功率模块维修方法如图 9-35 所示。

断开变频空调电源，将指针万用表调到 R×1k 挡，红表笔接模块的 N 端，黑表笔接模块的 P 端，测量阻值，正常应为无穷大。

将红表笔接模块的 P 端，黑表笔接模块的 N 端，测量阻值，正常应为 1kΩ 左右。

将万用表黑表笔接模块正极（P），红表笔分别接 U、V、W，正常情况下三相电阻值应平衡（差值小于 10kΩ），阻值为 200~800kΩ。

如果其中任何一相阻值与其他两相阻值不同，则可判定该功率模块损坏。

用黑表笔接 N 端，红表笔分别接 U、V、W 三端，其每项阻值也应相等。阻值也为 200~800kΩ，才说明模块是好的。否则，判断功率模块损坏。

测量 IPM 模块上 U、V、W 端口相互之间的正、反向阻值，正常情况下模块 6 个组合电阻应为 300~800kΩ，且阻值平衡，若其中出现电阻小于 100kΩ 或大于 3MΩ，或阻值不平衡（差值大于 30kΩ），则模块损坏。

图 9-35　IPM 功率模块

### 9.3.9 12V 驱动电压故障测试点及维修

在内外风机、四通阀、电加热不工作，或开机后外机交流电压被急剧拉低时，可以检测变压器次级线圈输出的直流 12V 电压是否正常，如图 9-36 所示。

将数字万用表挡位调到直流 40V 挡，红表笔接稳压器输出脚（3 脚），黑表笔接中间引脚或稳压器上的散热片，正常电压应为 12V 左右。如果不正常，重点测量稳压器连接的滤波电容器等元器件。

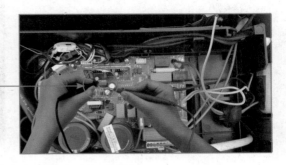

图 9-36 测量 12V 驱动电压

### 9.3.10 光电耦合器故障测试点及维修

光电耦合器是通信电路中的重要元器件，如果光电耦合器损坏，将会导致通信故障。光电耦合器可以通过测量其引脚阻值的方法判断其好坏。当空调器提示无通信信号时，但通信端子有通信电压，考虑检测光电耦合器是否正常，如图 9-37 所示。

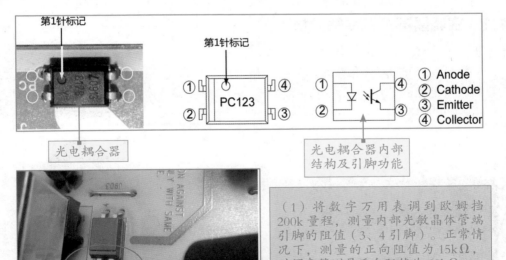

第1针标记

第1针标记

① Anode
② Cathode
③ Emitter
④ Collector

PC123

光电耦合器

光电耦合器内部结构及引脚功能

（1）将数字万用表调到欧姆挡 200k 量程，测量内部光敏晶体管端引脚的阻值（3、4 引脚）。正常情况下，测量的正向阻值为 15kΩ，对调表笔测量反向阻值为 60kΩ。
（2）再测量内部发光二极管端的阻值，光电耦合器的第 1、2 脚。正常情况下，测量的正向阻值为 1.5kΩ，反向阻值为 1（无穷大）。否则，此光电耦合器损坏。

图 9-37 检测光电耦合器

也可以通过测量光电耦合器输入／输出端电压变化来判断好坏，如图9-38所示。

（1）先将空调器开机，将数字万用表调到直流40V电压挡，将红表笔接第1脚，黑表笔接第2脚测量。

（2）如果有通信信号，则能测得0～0.7V变化的电压；测量输出端时，将红表笔接第4脚，黑表笔接第3脚，所测得的也是一个变化的电压。

（3）如果输出端第4、3脚间测得为0V或5V且数值不变化，表明其输出端已经击穿或断路。

（4）另外，光电耦合器连接的电阻器损坏率较高，测量时，可通过测量电阻端电压来判断，或测量阻值来判断。

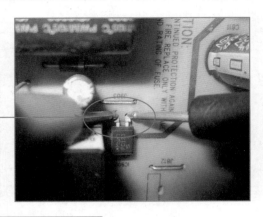

图9-38　测量光电耦合器电压

# 9.4 实战检测——空调器不开机故障维修

空调器整机不开机故障是插好电源线后，室内机上的指示灯、显示屏不亮，无法开机的故障。

## 9.4.1 空调器不开机故障分析

造成空调器不开机的原因很多，如电源线问题、遥控器问题、熔断器熔断、过载保护继电器动作、启动电容器损坏、IPM模块损坏、通信线路问题、电路板问题、压缩机问题等，如图9-39所示。

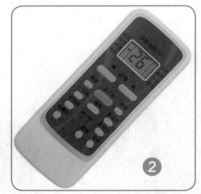

电源线问题。通常是通一下电，如果空调器有"嘀"的一声响，说明电源线正常，空调器供电电路也基本正常。没有响声的话，就要先检查电源线及插线板是否正常。

遥控器问题。把遥控器的发射头对着你的手机照相机的摄像头，打开手机的照相机，按空调遥控器任一按键，看手机的照相机画面是否有白光发出，如果有，说明遥控器是好的；如果没有，说明遥控器是坏的。

图9-39　空调器不开机故障原因

电路中的熔断器熔断。可以先观察熔断器是否变黑，变黑就可能熔断了。还可以用万用表测量其阻值，如果熔断，阻值将变为无穷大。熔断器损坏，一般电路中都有短路的元器件和电路，需要找到故障原因，才能通电测试，否则还得烧熔断器。

过载保护继电器动作。一般电源电压过低、三相电压的对称性差，使用环境温度过高会引起过载继电器开机动作。可以先测量室内电压。

压缩机启动电容器损坏。定频压缩机的启动电容器一般用万用表测量其阻值，可以判断内部是否击穿损坏。

IPM 模块损坏。变频压缩机的 IIPM 模块一般用万用表测量其 U、V、W 三相与 P、N 二相之间的阻值来判断功率模块的好坏。

通信线路问题。主要检查通信线或零线是否有断路、接触不良和漏电现象。重点应对空调器室内外机连机线有加长线的情况，对接头处进行仔细检查。

电路板问题。电路板中的滤波电容器、分压电阻器、开关管等属于易坏元器件，需要用万用表进行检测。

**图 9-39　空调器不开机故障原因（续）**

压缩机损坏。可以用万用表检测任意两个绕组间的阻值来判断好坏。

图9-39　空调器不开机故障原因（续）

## 9.4.2　海尔柜机指示灯闪不开机故障维修

某公司机房的海尔 KFRD-120LW/5215 柜机，按遥控开机按钮，发现空调电源指示灯闪六下停一下然后又闪六下，无法正常开机。维修过程如图9-40所示。

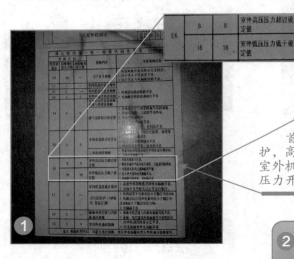

首先查寻空调故障代码解释为高压保护，高压保护的原因一般有：制冷剂过量、室外机冷凝器脏堵、室外机风机转速过低、压力开关失效、毛细管脏堵等。

初步检查发现室内机和室外机都不工作，准备先清洗空调，拿来清洗设备，把冷凝器和蒸发器都清洗了，然后开机测试，空调可以正常开机制冷，试机1小时，未出现故障，故障排除。

图9-40　海尔 KFRD-120LW/5215 柜机维修

### 9.4.3　惠而浦空调无法开机故障维修

　　用户的惠而浦 AVH-170FN2/C 空调按电源开关后，无法开机，显示屏无显示，也无蜂鸣叫声。故障处理方法如图 9-41 所示。

根据故障初步判断故障可能与供电方面问题有关。首先用万用表测量空调220V输入电压，电压正常。

在测量稳压器 7805 输出端的 5V 电压，同样正常。初步判断电源板没有故障，故障可能在控制板。

检查控制板，发现有个电容器 C19 烧了。由于电容器已经找不到，根据附近电路判断应该和 C20 容量一样，为 104 电容。找来替换电容器，焊接好，开机测试。可以正常开机，制冷等功能也正常。继续试机一会儿，未再出现问题，故障排除。

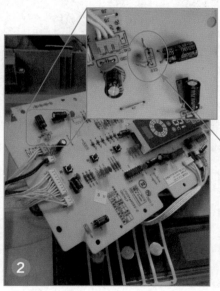

图 9-41　惠而浦 AVH-170FN2/C 空调维修

## 9.4.4　科龙空调不开机故障维修

用户一台科龙 KFR-35GGW 空调按遥控器开机按钮，无法开机，显示屏无显示。此故障维修方法如图 9-42 所示。

首先用应急开关开机，发现控制可以正常开机，并制冷，但显示屏无显示。说明空调的电源电路和主要控制电路正常。

由于遥控无法使用，显示屏也不正常，重点检查显示和遥控电路，这两个电路通常在一个电路板上，通过排线与主控板相连。先检查显示板的排线，未发现松脱。再测量排线中的供电端，发现电压为 0。说明显示和遥控电路供电不正常。

接下来通过跑电路，沿着接线端口的供电线沿电路检查供电，测量电压在什么地方开始消失的。发现有个电阻器上端有电压，下端没电压。断电测量电阻阻值与标注阻值基本一致。仔细检查发现电阻引脚开焊。用电烙铁加焊后，开机测试，遥控操控正常，显示屏显示也正常，故障排除。

显示和遥控电路板

**图 9-42　科龙 KFR-35GGW 空调维修**